알랭 뒤카스의 선택, 그린 다이닝

알랭 뒤카스,
로맹 메데,
앙젤 페레 마그
지음

정혜승
옮김

pan'n'pen

서문

채소는 맛있습니다.

바로 이 점에 이 책의 존재 이유가 있습니다.
온전히 채소로만 구성된 식단에서도 지극한 맛의 즐거움을 누릴 수 있다는 사실.
그 중요한 진실을 여러분이 이 책을 통해 발견 또 재발견하기를 바라는 마음입니다.

채식의 세계로 발을 들이면 낯설거나 친숙하지 않은 재료들과 맞닥뜨리게 될 겁니다.
서양에서는 거의 찾아 먹지 않았던 김, 미역, 다시마 따위의 해조류가
몇 년 전부터는 서양 식탁에 자주 오르는 재료가 되었으며,
멕시코가 원산지인 치아 씨드는 그 효능이 널리 알려지며
이제는 흔히 접할 수 있는 재료가 되었습니다.

채소로 요리를 한다는 것.

그것은 새로운 표현방식을 익히는 일일 수도 있겠습니다.
채소 요리라는 게 끓는 물에 채소를 던져 넣고 데치는 정도로 그치지는 않으니까요.
우리고 건조하고 추출하고 발효하고 조합하고…
이러한 다채로운 기술과 조리 방법을 거치며 채소 요리는 풍미가 살아납니다.
그렇다고 어려운 요리라는 뜻은 아니니 안심해도 좋습니다.
이 책에 실린 모든 채소 요리법은 집에서 손쉽게 따라 할 수 있도록
적극 고안되었습니다.

무엇보다 중요한 것은 맛의 즐거움이겠지요.

배와 가지가 만나 맛있는 딥이 만들어지듯,
채소 요리는 의외의 조합이 그려내는 멋진 맛의 궁합을 선사합니다.
또한, 딸기로 만든 식초나 모과로 만든 겨자처럼 섬세한 맛의 세계를 알려주기도 하며,
아보카도와 키위가 어우러진 디저트처럼 저항 불가의 미식 세계로 인도하기도 합니다.

로맹 메데, 앙젤 페레 마그 이 두 사람과 함께 탐험하며 발견한 새로운 요리 영토,
그 무궁무진한 채소의 세계를 여러분께 소개합니다.
맛과 건강이라는 두 가지 요소를 더할 나위 없이 현명한 방식으로 배합 활용하여
채소가 비로소 축제가 되는 곳.

여기 지금 그린 다이닝으로 여러분을 초대합니다.

알랭 뒤카스

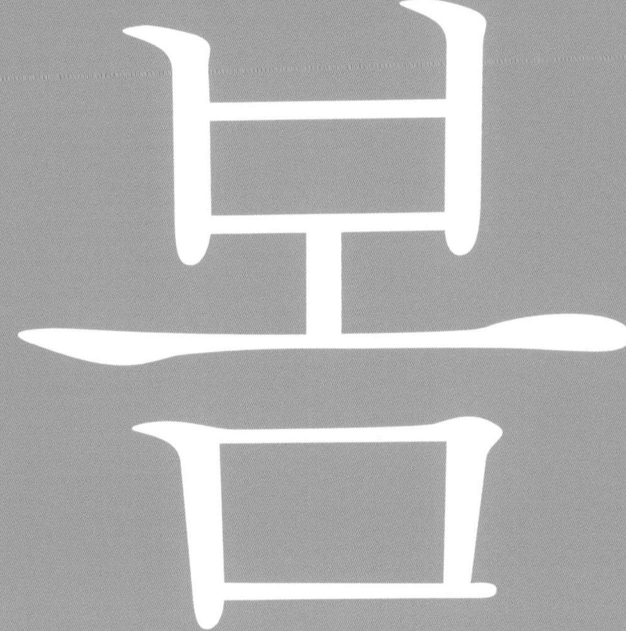
봄

영양 정보

은은한 향기가 특징인 딱총나무elder tree는 열매만큼 꽃 또한 약용으로 많이 쓰이는데
항바이러스와 항염 효능이 있어 호흡기에 도움을 준다.
딱총나무 술을 담글 때 약간의 럼을 더하면
더욱 풍미 깊은 담금주의 맛을 음미할 수 있을 것이다.

딱총나무 술

6L | 준비 10분 | 조리 없음 | 휴지 9개월(발효와 숙성)

비정제 설탕　500g
딱총나무 꽃　200g
화이트 와인　1.5L
물　4L
브랜디　500ml

스테인리스 볼에 딱총나무 술의 모든 재료를 넣고 잘 섞는다. 랩으로 볼을 꼼꼼히 덮어 실온에 두고 3개월 동안 발효시킨다.

3개월이 지나면 술을 체에 한 번 걸러 액체만 받아 실온에서 최소 6개월 이상 더 숙성시켜 마신다.

활용

발효 숙성되는 기간을 길게 가질수록 더 맛이 좋은 딱총나무 술이 완성된다.

영양 정보

참깨는 칼슘이 무척이나 풍부한 음식이다.

불에 볶으면 숨어 있던 자연스러운 짠맛이 드러나게 되므로

볶은 참깨를 음식에 활용하면 소금 간을 덜할 수 있어 좋다.

나만의 깨소금 양념

60g | 10분 | 5~15분

스피룰리나 참깨

생참깨 55g
비정제 천일염 5g
(또는 플뢰르 드 셀•이나 핑크 솔트•)
스피룰리나 분말 1작은술

김 아몬드

통아몬드 55g
비정제 천일염 5g
(또는 플뢰르 드 셀이나 핑크 솔트)
고명 김가루 1큰술

허브 헤이즐넛

통헤이즐넛 55g
비정제 천일염 5g
(또는 플뢰르 드 셀이나 핑크 솔트)
로즈메리 1줄기

• **플뢰르 드 셀**fleur de sel 소금꽃이라는 뜻의 불어로, 꽃을 닮은 소금 결정에서 그 이름이 비롯되었다. 플뢰르 드 셀은 프랑스 해안 염전에서 수작업으로 생산되는 고급 천일염이다. 염전 바닥으로 가라앉은 소금이 아니라 물 표면에 떠 있는 섬세한 소금 결정을 수확하므로 그 빛이 하얀색이며, 소금 입자가 굵어지기 전에 거두어 중간 정도 굵기를 지닌다. 섬세하고 부드러운 짠맛 그리고 짠맛 뒤로 이어지는 부드러운 단맛과 감칠맛이 특징이다.

• **핑크 솔트**pink salt 히말라야산맥의 구릉 지대에서 채취하는 돌소금이다. 약 2억5천만 년 전 히말라야가 바다 아래에 잠겨 있을 때 생성된 소금이라고 볼 수 있다. 지각 변동에 의해 히말라야는 융기되어 산이 되었지만 바다에서 생성된 다양한 성분은 핑크 솔트에 그대로 들어 있는 것으로 알려져 있다. 핑크 솔트는 크리스탈 구조로, 70여 개의 미네랄을 함유하고 있어 핑크색을 띠며, 나트륨 함량은 일반 소금에 비해 다소 적은 편이다.

볶아 으깬 참깨와 천일염으로 만드는 깨소금 양념은 예로부터 아시아에서 즐겨온 맛으로, 요즘에는 요가를 즐기는 요기들 사이에서와 마크로비오틱 요리에서 빼놓을 수 없는 양념으로 자리 잡았다. 취향과 입맛에 따라 섞는 재료를 달리해 깨소금과 비슷한 다양한 양념을 만들 수 있는데, 그중 3가지를 선보인다.

자신만의 깨소금 양념을 만들 때 조합하는 재료의 종류보다 더 중요하게 챙겨야 할 점이 하나 있다. 참깨 등의 채유 씨앗류 그리고 헤이즐넛 등의 견과류를 충분히 굽거나 볶아 익혀야 한다는 것이다. 그래야만 그로부터 짠맛이 은은히 살아나 맛 좋은 양념이 완성된다.

오븐을 180℃로 예열한다. 오븐 트레이에 아몬드, 헤이즐넛, 깨 따위의 견과류나 씨앗류를 펼친 뒤 오븐에 넣는다. 선택한 재료에 따라 5~15분 정도로 시간을 조절하면서 보기 좋은 색이 날 때까지 굽는다.

완전히 식힌 뒤 절구로 옮겨 소금과 나머지 재료를 더해 원하는 굵기로 빻는다. 완성된 양념은 습기가 없고 서늘한 곳에 보관하면 몇 주는 두고 먹을 수 있다. 원하는 음식에 나만의 깨소금 양념을 뿌려 맛과 개성을 더해 보자.

<u>**영양 정보**</u>

카르다몸은 여러 장점을 지닌 향신료로, 그중 소화를 촉진하는 효능이 널리 알려져 있다.
맛이 강렬하여 조금만 넣어도 이국의 풍미가 물씬 느껴진다.
위 기능이 약해졌거나 몸의 순환이 잘 안 될 때 섭취하면 좋으며
카르다몸의 살균 작용은 구강 건강에도 도움을 준다.

초록 무화과 절임

10인분 | 준비 10분 | 조리 10분 | 휴지 1개월(절임 숙성)

덜 익은 무화과　10개
화이트 비니거　500g
비정제 설탕　30g
초록 카르다몸　12개
말린 펜넬 줄기(작게 자른 것)　5개
코리앤더 씨드
흰 통후추

냄비에 화이트 비니거와 설탕을 넣고 끓인다. 절임을 담을 유리 밀폐 용기는 미리 소독해 준비한다. 용기 바닥에 무화과, 코리앤더 씨드, 카르다몸, 말린 펜넬 줄기를 넣고 후추를 부수어 뿌린 뒤 그 위로 끓인 단촛물을 붓는다. 용기 뚜껑을 닫아 1개월 정도 익혀 먹는다.

무화과 절임은 피클이나 반찬처럼 곁들임으로 내면 좋다.

허브에 다량 함유되어 있는 엽록소는 소화를 촉진하며 간을 정화하는 데에 도움을 준다.
디톡스 시기에 허브가 자주 이용되는 것도 바로 그 이유에서다.
허브는 종류에 따라 구할 수 있는 시기에 제한이 있으니
두고 먹을 수 있게 보관법을 익혀 두면 유용하다.

건조

건조법은 장기간 보관이 가능하며 작업이 수월하다는 장점이 있다. 원하는 허브(민트, 바질, 로즈메리, 타임 따위)를 식품건조기에 넣고 온도를 45℃에 맞춰 2~6시간 동안 작동시킨다. 잎의 모양이나 두께에 따라 건조되는 속도가 다르니 각각의 진행 상태를 지켜보며 말리도록 한다.

잎채소와 향기 허브 보관법

냉동

냉동할 때에는 양을 1인분씩 나눠 얼려야 나머지 얼은 덩이를 헤집지 않고 필요한 만큼만 꺼내어 쓸 수 있어 편리하다.
우선 허브 줄기에서 잎을 떼거나 잘게 사른다. 얼음 틀을 준비해 각각의 칸에 허브를 넣고 그 위로 올리브 오일을 채워 바로 냉동실에 넣어 얼린다. 이렇게 하면 필요할 때마다 손쉽게 꺼내 쓸 수 있는, 향긋함 우러난 허브 올리브 오일 얼음이 완성된다.

오일에 추출

음식에 허브 향이나 향채 맛을 은은하게 더하고 싶다면 오일에 허브나 향채를 우려 사용하는 것도 방법이다. 오일이 향기와 맛을 빨아들이게 하는 원리로, 대부분의 식용 오일에 적용할 수 있다(일반 식용유도 좋고 올리브 오일, 포도씨 오일도 가능하다).
타라곤, 코리앤더, 세이지처럼 연한 허브를 넣었을 때 향과 맛이 더 잘 추출된다. 이렇게 만든 허브 오일은 4개월은 족히 두고 먹을 수 있으며, 샐러드, 생선, 채소 요리를 만들 때 꽤나 유용한 맛내기 재료가 된다.

부케로 말리기

향기 가득한 허브를 따자마자 부케로 만들어 환기가 잘 되는 건조한 곳에 걸어 말리면 된다. 통풍이 잘되는 곳이면 더할 나위 없는데, 단, 직사광선을 쬐어 말리는 것은 피한다.

영양 정보

아스파라거스는 엽산(비타민 9)이 풍부한 채소로,

임신 초기나 수정란 착상 이전 시기의 여성이 섭취하면 매우 이롭다.

쭉 뻗은 두툼한 줄기에는 정상적 혈액 응고에 필수인 비타민 K1이 다량 함유되어 있다.

함초(수송나물)은 해안가 모래땅에서 자라는 식물로, 은근한 짠맛을 지녀 조리 시 소금 간을 덜해도 된다.

다재다능한 비타민이자 항산화 기능이 뛰어난 비타민 A가 풍부하여 눈 건강에 도움을 준다.

피스타치오 오일 비네그레트 소스를 곁들인 아스파라거스 구이와 함초 퓌레

4인분 | 준비 30분 | 조리 10분

비네그레트 소스

피스타치오 100g
올리브 오일 150g
초록 아스파라거스 200g
함초(수송나물) 100g
레몬즙

함초 퓌레

함초(수송나물) 15g
초록 아스파라거스 20g
볶은 피스타치오 1~2큰술

고명

초록 아스파라거스 12개
(키 작은 칼리브르 아스파라거스는 26개)
피스타치오 오일 2작은술

담기 & 마무리

함초(수송나물) 100g
바다 명아주• 40g
후추 맛이 도는 해초 40g
돌회향• 40g
볶은 피스타치오 5g

• **바다 명아주** 해안가에 자라는 비름과 식물.

• **돌회향** 록 삼피어Rock Samphire 바닷가에 자라는 회향풀의 일종. 개회향으로도 불린다.

비네그레트 소스

먼저 피스타치오 오일을 만든다. 피스타치오를 팬에 탈 정도로 바싹 볶은 뒤 분쇄기에 넣고 충분히 간다. 거기에 올리브 오일을 고루 잘 섞어 피스타치오 오일을 만든다. 만든 오일 중 2작은술 정도는 고명용 아스파라거스를 익힐 때 사용하게 둔다.
아스파라거스와 함초를 착즙기에 넣어 즙을 낸다. 즙의 양이 반으로 줄도록 불에서 졸인 뒤 피스타치오 오일을 넣고 거품기로 잘 휘저어 섞은 다음 레몬즙을 넣으면 비네그레트 소스 완성.

함초 쀠레

함초 10g을 그릴 팬에 구워 그릴 자국을 낸다. 블렌더에 옮겨 담고 생아스파라거스와 피스타치오, 남은 함초를 넣고 갈아 진득한 쀠레를 만든다. 필요에 따라 비네그레트 소스를 조금 더해 묽기를 조절해도 된다.

고명

아스파라거스를 손질하는데 머리 부분을 포함해 길이 12cm가 되도록 자른다. 남겨둔 피스타치오 오일 2작은술을 냄비에 두른 뒤 자른 아스파라거스를 넣어 바비큐 하듯 굽는다.

담기 & 마무리

명아주, 해초, 돌회향, 함초에 볶은 피스타치오를 부숴 섞은 뒤 비네그레트 소스로 버무려 바다 샐러드를 만든다.
각 접시에 함초 쀠레를 담고 그 위로 구운 아스파라거스를 올린다. 바다 샐러드도 담고 필요하면 비네그레트 소스를 더 뿌려낸다.

참고

가능하다면 착즙기를 사용할 때 원심분리식을 쓰자. 원심분리식은 맛을 변질시키거나 재료와 영양을 파괴하지 않으면서 부드럽게 즙을 추출해 내는 장점이 있다.

영양 정보

완두콩과 풋잠두콩(누에콩)은 짧은 시간에 금세 익어 조리가 간편하면서도 콩과 식물의 영양과 유익성을 그대로 즐길 수 있어 좋다.

다른 콩과와 마찬가지로 '나쁜 콜레스테롤'의 체내 흡수를 줄여 준다.

콩깍지 즙에 부드럽게 익힌 완두콩과 코코넛 밀크를 넣어 졸인 곰보버섯 소스

조리 10분 | 준비 50분 | 4인분

완두콩(깍지째) 1kg
곰보버섯• 1kg
깍지 벗긴 풋잠두콩 100g
코코넛 오일
코코넛 밀크 100g
레몬즙
잠두콩 꽃 또는 완두콩 꽃 12송이
완두콩 싹 또는 야생 스위트피 꽃 50g
소금
후추

• **곰보버섯**morilles 모렐버섯, 삿갓버섯 등으로 불린다. 삿갓 머리 모양에, 질감은 곰보와 같다. 흔하지 않지만 한국에서도 자라는 버섯이다.

완두콩 깍지 즙내기

완두콩은 깍지를 벗긴다. 완두콩 300g은 따로 두고 우선 깍지만 착즙기에 넣어 약 400g의 즙을 얻는다.

고명

곰보버섯은 표면에 묻은 모래와 흙을 잘 털어내고 깨끗하게 손질한다. 풋잠두콩은 깍지를 벗긴다.
냄비에 코코넛 오일을 두르고 곰보버섯을 넣고 뚜껑을 덮어 잠시 익힌다. 코코넛 밀크는 거품기로 휘저어 샹티이 크림•처럼 거품을 올린 뒤, 곰보버섯이 거의 익어갈 즈음 버섯에 넣고 마저 익힌다. 필요하면 소금과 후추로 간을 한다.

• **샹티이 크림**chantilly crème 휘핑크림을 말한다. 생크림과 설탕을 섞어 단단하게 거품을 올린 크림으로 케이크를 장식하거나 커피에 넣어 먹기도 한다.

냄비를 하나 더 준비한다. 완두콩, 풋잠두콩에 차가운 상태의 코코넛 오일을 넣고 수분이 나오도록 살짝 찌듯이 볶는데, 색은 나지 않게 한다. 콩깍지 즙을 부어 콩에 즙이 잘 스며들면서 농도가 진해지도록 좀 더 졸인다.

담기 & 마무리

완두콩과 풋잠두콩 졸인 것을 한 술 넉넉히 떠서 접시에 담고 크리미한 곰보버섯 소스를 올린 뒤 잠두콩 꽃과 완두콩 싹으로 장식한다.

영양 정보

이제는 모르는 사람이 없는 사실이지만, 시금치를 먹는다고 수퍼 파워가 생기지는 않는다. 하지만 신선한 녹색 채소 잎의 섭취는 '수퍼' 건강과 만나는 길임에 틀림없다. 엽록소가 풍부한 시금치는 장을 깨끗하게 만들어줄 뿐 아니라 베타인 등의 항산화 성분이 간에도 이로워 장과 간에 모두 좋은 더블 액션 채소라 하겠다.

베이비 시금치를 넣은 알감자 샐러드

4인분 | 준비 30분 | 조리 25분 | 휴지 15분

샐러드

알감자 300g
헤이즐넛 100g
베이비 시금치 300g
오렌지 2개
파슬리 1단
서양 배 2개
래디시 5개
쪽파 1단
회색 소금•

감귤류 소스

참기름 4큰술
맥아 오일• 2큰술
회색 소금 1꼬집
오렌지즙과 제스트 1개 분량
레몬즙과 제스트 1개 분량
레몬향 타라곤(다른 허브로 대체 가능) 2줄기

• **회색 소금**gray salt 바닥이 흙으로 된 토판 염전에서 생산되는 천일염. 물에 뜬 소금 결정을 수확하여 흰색을 띠는 플뢰르 드 셀과 달리, 염전 흙바닥에 가라앉은 소금 결정을 수확하므로 점토 성분이 들어가 회색빛이 돈다. 입자는 플뢰르 드 셀보다 더 굵고 거칠며 미네랄을 함유해 염도가 낮은 편이고 수분 함량은 높은 편이다.

• **맥아 오일**wheatgerm oil 밀의 배아에서 추출한 식물성 오일로 윗점 오일로 불리기도 한다.

알감자

크고 깊은 냄비를 준비한다. 냄비에 찬물을 담고 회색 소금 1큰술과 껍질 벗기지 않은 알감자를 넣어 삶는다. 한 번 우르르 끓어오른 뒤로 15분 동안 더 삶는다. 물기를 빼서 식힌다.

샐러드

오븐을 180℃로 예열한다. 오븐 트레이에 헤이즐넛을 펼치고 오븐에 넣어 황금색이 날 때까지 5~10분 동안 굽는다. 꺼내어 완전히 식힌다. 식은 헤이즐넛은 두 손바닥 사이에 넣고 비벼 껍질을 벗긴 뒤 칼로 잘게 다진다.
필러로 오렌지 껍질에서 제스트를 얻은 뒤 과육은 속살만 발라• 낸다.

시금치와 파슬리는 씻어 준비하고 쪽파는 잘게 송송 썬다.
배는 슬라이서를 이용, 둥근 모양을 살려 아주 얇게 편 썬다. 래디시 역시 슬라이서를 활용하여 얇게 편 썬다.

감귤류 소스

타라곤 줄기에서 잎만 떼어 아주 잘게 다진다. 믹싱 볼에 감귤류 소스 재료 중 액체를 모두 넣고 잘 섞은 뒤 소금, 제스트, 다진 타라곤을 넣는다. 우러나게 10분 정도 둔다.

• 오렌지 등 감귤류를 다룰 때, 속껍질 없이 과육만 발라내는 것을 '섹션 뜬다'고 표현한다.

담기 & 마무리

삶은 알감자를 반으로 가른다. 큰 샐러드 볼에 먼저 시금치를 깔고 그 위에 알감자, 래디시, 오렌지 속살을 올린다. 배 슬라이스는 살짝 말아 함께 올린다. 잘게 다진 구운 헤이즐넛과 쪽파를 흩뿌린다. 숟가락으로 감귤류 소스를 고루 뿌린 뒤 신선할 때 바로 낸다.

영양 정보

돌돌 감긴 잎 모양이 독특한 컬리 케일curly kale은 십자화과* 중에서도 널리 애용되는 채소이다.
활성산소를 억제하는 항산화 성분이 풍부하며 비타민 A와 비타민 K, 칼슘, 칼륨(포타슘이라고도 한다)의 함량이 매우 높아 천연 복합 비타민 또는 천연 복합 미네랄이라 불린다.
그러니 몸을 챙긴다면 컬리 케일을 넉넉히 마음껏 즐기기를.

* **십자화과** 양배추, 브로콜리, 콜리플라워, 케일, 배추, 무, 유채 등이 속한 채소과. 배추과나 겨자과라고도 부른다.

컬리 케일 페스토를 올린 아티초크 피자

지름 25cm 피자 1판 | 준비 25분 | 조리 1시간 | 휴지 1시간

피자 도우

병아리콩(이집트콩) 가루 80g
메밀가루(껍질 벗긴 것) 40g
베이킹 파우더 1작은술
올리브 오일 1큰술
시드르 비니거(사과주 식초) 1작은술
회색 소금 2꼬집
물 200ml

컬리 케일 페스토

컬리 케일 100g
올리브 오일 150g
마늘 작은 것 1쪽
회색 소금 2꼬집

아티초크

푸아브라드 아티초크* 100g
화이트 비니거 1큰술
로즈메리
마늘 1쪽
달지 않은 화이트 와인 50ml
올리브 오일

고명

컬리 케일 잎 큰 것 2장
주키니호박 1/2개
잣 20g
아마씨 1큰술
올리브 오일
굵은소금 2꼬집
바질(또는 다른 신선한 허브나 어린잎 약간) 1단

* 푸아브라드 아티초크poivrade artichoke 남프랑스 프로방스 지방의 특산물인 보라색 아티초크.

피자 도우

피자 도우 재료 모두를 고루 잘 섞어 크레이프 반죽 농도의 균질한 질감으로 만든다. 실온에서 최소 1시간 동안 휴지시킨다.
지름이 20cm 정도 되는 코팅 프라이팬을 불에 달군 뒤 여분의 올리브 오일을 조금 두른다. 실온에 두었던 피자 도우 반죽을 팬에 붓고 약한 불에서 3~4분 동안 굽는다. 표면에 작은 기포가 나타나면 조심스럽게 뒤집어 1~2분 동안 더 굽는다.
다 구워진 도우는 유산지를 깐 베이킹 트레이에 올려 식힌다.

컬리 케일 페스토

냄비에 물을 붓고 여분의 소금을 조금 넣어 끓어오르게 둔다. 그동안 케일을 손질한다. 두껍고 질긴 잎맥을 제거한 뒤 끓는 물에 넣어 2분 정도 삶는다. 건져서 찬물에 바로 헹궈 물기를 뺀다. 블렌더에 나머지 페스토 재료와 함께 넣고 갈아 고운 퓌레 상태를 만든다.
완성된 컬리 케일 페스토는 피자 도우 위에 넓게 펴 바르는데, 가장자리로부터 1cm 정도 남기고 바른다.

아티초크

아티초크는 줄기 부분이 3cm 가량 남게 자른 뒤 줄기와 겉껍질을 벗기고 꽃봉오리 바깥의 두껍고 억센 잎은 제거한다. 꽃봉오리 위쪽의 뾰족하게 모인 부분은 칼로 잘라 버리고, 각각의 잎을 본래 길이의 1/3정도만 남긴다는 생각으로 잎 끝 쪽을 잘라 낸다. 전반적으로 고른 모양이 되도록 이리저리 돌려가며 칼로 다듬는데, 혹시 단단한 부분이 남아 있다면 마저 제거한다.
손질을 마친 아티초크는 화이트 비니거를 뿌린 찬물에 담가 갈변을 막는다.
냄비를 달궈 올리브 오일을 조금 두른 뒤 마늘, 로즈메리, 물기를 빼고 4등분한 아티초크를 넣어 5분 동안 덖는다.
화이트 와인을 부어 끓어오르기를 기다린다. 끓어오르면 물을 100ml 더한 뒤 중간중간 살펴 가면서 약한 불에서 30분 정도 더 익힌다. 아티초크가 무르게 익되 푹 퍼지지 않는 정도가 적당하다. 완성되면 컬리 케일 페스토를 바른 피자 도우 위에 올린다.

고명

컬리 케일 잎은 작은 조각으로 잘라 올리브 오일에 절인다.
주키니호박은 슬라이서를 이용해 세로 방향으로 가능한 한 얇고 긴 편으로 썬다.

담기 & 마무리

오븐을 200℃로 예열한 뒤 피자를 5분 동안 굽는다. 뜨끈한 피자 위로 오일 마리네이드해놓은 케일 잎을 올린 뒤 잣, 아마씨, 바질, 어린잎이나 허브로 장식한다. 주키니호박은 자연스럽게 접어 사이사이에 보기 좋게 얹고 올리브 오일과 굵은소금을 뿌려 마무리한다.

영양 정보

민들레는 볼품없어 보이는 흔한 식물이지만 대단히 좋은 약효를 지녔다.

체내 독소와 노폐물을 정화하는 작용이 매우 뛰어나 간, 담낭, 신장의 기능을 활발하게 이끌어 준다.

신장결석과 담석의 예방에도 큰 역할을 하며, 소화 기능을 전반적으로 향상시킨다.

매년 오는 봄은 민들레를 섭취하기에 최적기이니, 민들레 요리로 몸을 해독시켜 보자.

호박꽃 민들레 잎 샐러드

민들레 잎 퓌레와 아몬드 밀크를 곁들인

10인분 | 준비 35분 | 조리 20분 | 휴지 36시간+24시간

피클

민들레 꽃봉오리 50g
화이트 비니거 100g
물 50g
설탕 15g

허브 비네그레트 소스

타임 1/4다발
로즈메리 3줄기
올리브 오일 100g
레몬즙 1개 분량

아몬드 밀크

생아몬드 150g
속껍질까지 벗겨 말린 아몬드(흰색) 50g
물 500ml

고명

호박꽃 30송이
민들레 잎 550g
시금치 250g
생아몬드 50g
올리브 오일
소금
후추

피클

민들레는 하루 전날에 손질한다. 먼저 민들레 꽃봉오리를 씻는다. 식초와 물과 설탕을 냄비에 넣고 끓여 단촛물을 만든다. 손질한 민들레 꽃봉오리를 저장 용기에 담고 한 김 식힌 단촛물을 부은 뒤 밀폐하여 서늘한 곳에 24시간 동안 둔다.

허브 비네그레트 소스

허브를 잘게 다져 올리브 오일에 하룻밤 정도 담가 우려낸다. 레몬즙을 더한다.

아몬드 밀크

156쪽을 참고해 아몬드 밀크를 만든다.

민들레 잎 퓌레

민들레 잎을 씻어 손질한다. 반은 남겨 두고 반만 시금치와 함께 끓는 물에 데친다. 식힌 뒤 민들레 잎과 시금치를 블렌더에 넣고 함께 갈아 매끈한 퓌레 상태로 만든다. 올리브 오일과 소금, 후추로 간한다.

구운 호박꽃

호박꽃 아래쪽의 마디 부분을 자른다. 프라이팬에 올리브 오일을 두르고 잘라 낸 마디 부분을 먼저 충분히 익힌다. 바비큐 그릴에서 구워도 된다. 다 익어간다 싶을 때 꽃을 통째로 넣고 숨이 죽을 만큼만 더 익힌다.

민들레 샐러드

남겨둔 민들레 잎, 절인 민들레 꽃봉오리, 신선한 민들레 꽃 약간, 슬라이스하거나 굵게 다진 생아몬드를 볼에 넣고 허브 비네그레트 소스를 뿌려 버무린다.

담기 & 마무리

접시에 민들레 잎 퓌레를 넉넉히 떠 올린 뒤 그 위로 구운 호박을 올린다. 민들레 샐러드와 구운 호박꽃을 곁들여 낸다. 준비한 아몬드 밀크를 남김없이 골고루 뿌려 마무리한다.

영양 정보

해조류는 철, 칼슘, 요오드, 인, 마그네슘, 구리 등 다량의 미네랄을 함유하고 있으며 비타민 A와 K, 비타민 B군까지 풍부하고 다양한 항산화 성분까지 갖추고 있다.
해조류가 지닌 풍부한 단백질, 요오드, 셀레늄은 기능이 저하된 갑상선에 큰 도움을 주는데, 칼로리가 낮고 용해성 식이섬유가 풍부해 디톡스나 다이어트 식단의 훌륭한 동반자가 되어준다.

해초 타르타르

준비 30분 | 냉장 30분 | 4인분

다양한 해조류(선택 사항) 200g
무 50g
펜넬 작은 것 2개
민트(또는 버베나) 4줄기
헤이즐넛 오일(또는 참기름) 2큰술
라임즙과 제스트 2개 분량
생강 10g
샬롯 작은 것(또는 자색 양파) 1개(1/2개)

신선한 해조류를 다양하게 준비한다.

소금에 절여진 해조류를 구입했다면 넉넉한 양의 찬물에 담가 소금기를 빼 주어야 한다. 이 과정을 2번 이상 반복한 뒤, 흐르는 물에 씻어 남은 소금기를 마저 제거한다.
잘게 다져 믹싱 볼에 담아 둔다.

무와 펜넬은 작은 큐브로 썰고, 민트 잎은 잘게 썰고, 샬롯과 생강은 가능한 한 잘게 다진다.

모든 재료를 다진 해조류와 섞는다. 헤이즐넛 오일, 라임즙과 제스트를 넣어 버무리는데 취향에 따라 간을 더 해도 좋다. 냉장실에 최소 30분은 두었다가 차갑고 신선하게 낸다.

영양 정보

타이거너트는 아프리카 니제르가 원산지인 덩이줄기과 식물로 몇 천 년 전부터 식용으로 애용되어 왔다. 땅속의 아몬드라는 별명을 지닐 만큼 소화를 돕는 미네랄과 비타민, 엔자임이 풍부하며 특히 식이섬유 함유량이 높아 장 내에서 쉽게 부풀어 올라 빠른 포만감을 선사한다. 시도 때도 없이 야금야금 집어 먹는 습관이 염려된다면 타이거너트가 큰 도움이 될 거란 얘기다.

부드럽게 찐 흰 아스파라거스에 곁들이는 타이거너트 밀크 무스와 곰파 파우더

4인분 | 준비 30분 | 조리 45분 + 건조 1시간 | 휴지 하룻밤

타이거너트 밀크

타이거너트• 200g
물 450g
포도씨 오일 100g
타히니• 100g
아몬드, 코코넛 등 식물성 재료로 만든 휘핑 크림 200g(또는 액상 생크림)
바롤로 비니거• 1작은술
레몬즙 1/2개 분량
소금
후추

곰파 파우더

곰파 잎• 12장

아스파라거스

흰 아스파라거스 22개

담기 & 마무리

곰파 잎 8장
올리브 오일
곰파 꽃(장식용)

•
타이거너트tiger nut 한국에서는 기름골이나 방동사니라고도 부른다.

•
타히니tahini 중동 지역에서 즐겨 먹는, 으깬 참깨와 올리브 오일을 섞어 만든 페이스트.

•
바롤로 비니거 Barolo vinegar 이탈리아의 바롤로 와인으로 만든 식초.

•
곰파 잎wild garlic leaf 야생 마늘이라고 불린다. 곰마늘, 람슨스, 버크램스, 우드 갈릭으로도 불린다. 생김새는 명이를 닮았고, 마늘 혹은 쪽파 같은 향이 난다.

타이거너트 밀크

하루 전날, 타이거너트를 미리 물에 불린다. 밤새 둔다.
불린 타이거너트를 블렌더나 써모믹스•로 옮겨 갈아준다. 크림과 타히니(참깨 페이스트), 포도씨 오일을 더해 한 번 더 간다.
체에 걸러 소금, 후추로 간한 뒤 바롤로 비니거와 레몬즙을 더한다. 사이펀•에 따라 붓고 질소 가스 카트리지 2개를 장착해 차갑게 둔다.

곰파 파우더

곰파 잎은 식품건조기에서 1시간 동안 건조시킨 뒤 고운 파우더 상태로 간다.

아스파라거스 즙

22개 아스파라거스 중 12개는 머리 부분을 포함해 길이 14cm로 잘라 준비한다. 나머지 10개는 착즙기에 넣어 즙을 낸다.
저장 유리병에 아스파라거스의 머리 부분이 위로 가게 담고 그 높이까지 아스파라거스 즙을 자작하게 붓는다. 85℃ 증기 오븐에서 혹은 중탕으로 45분 동안 익힌다.

•
써모믹스Thermonix 블렌더, 반죽기, 저울, 타이머, 찜기, 분쇄기, 레인지 등 여러 대의 주방가전기기 역할을 하나의 기계가 해내는 독일의 스마트 조리기구.

•
사이펀siphon 다양한 식재료에서 무스와 같은 부드러운 거품을 만들어 내는 휘핑 디스펜서. 휘핑건이라고도 한다.

담기 & 마무리

아스파라거스를 병째 데운다. 남은 곰파 잎은 올리브 오일에 절여 숨을 죽인다.
따뜻한 아스파라거스를 꺼내어 접시에 가지런히 담은 뒤 사이펀을 쏘아 타이거너트 밀크 무스를 만들어 곁들인다. 올리브 오일에 절인 곰파 잎을 올린 뒤 곰파 파우더를 솔솔 뿌리고 곰파 꽃으로 장식하여 낸다.

영양 정보

몸에 좋다고 널리 알려져 있는 채유 씨앗류 중에서도 칼로리가 가장 낮은 것이 캐슈너트이다.

캐슈너트의 지방은 올리브 오일처럼 단일불포화지방이라서 심장을 건강하게 하여 심혈관계 질병을 예방한다.

또한 캐슈너트에는 마그네슘과 비타민 B가 풍부해 신경을 안정시키고 평정심을 유지하는 데에도 효과가 있다.

자, 그렇다면 심신 안정을 위해 캐슈너트 넣은 케이크 한 쪽 더?

대추야자와 캐슈너트 레몬 크림이 들어간 생치즈 케이크

8인분 | 준비 50분 | 휴지 24시간 + 4시간

케이크 반죽

씨를 뺀 대추야자*(또는 대추야자 페이스트) 160g
생아몬드(굽지도 가염하지도 않은 것) 80g
호박씨 50g
구운 메밀 50g
코코넛 오일 70g

레몬 크림

생캐슈너트 420g
버진 코코넛 오일 130g
레몬즙 90g
레몬 제스트 2개 분량
아가베 시럽 90g
천일염 1꼬집

코코넛 샹티이 크림

코코넛 밀크 400ml
슈거 파우더 2큰술

담기

레몬 제스트 1개 분량

* 대추야자 북아프리카와 아랍 쪽에서 단맛을 내기 위해 즐겨 사용하는 과일이다. 페이스트로 만든 것도 있다.

케이크 반죽

하루 전날, 케이크 반죽을 준비한다. 지름 20cm 정도의 원형 무스링에 여분의 코코넛 오일을 바른다. 유산지를 깐 트레이 위에 링을 올려 냉장실에 넣어 둔다.
블렌더에 굳지 않은 상태의 코코넛 오일, 아몬드, 대추야자, 호박씨, 구운 메밀을 넣고 중간 속도로 돌려 간다. 손으로 반죽할 수 있는 정도의 농도가 적당한데, 씹히는 맛이 있도록 너무 곱게 갈지 않도록 한다.
무스링을 꺼내어 링 안쪽으로 케이크 반죽을 살살 눌러가며 깐다. 균일한 높이로 맞춘다. 냉장실에 넣어 최소 2시간 이상 둔다.

레몬 크림

캐슈너트는 2시간 이상 물에 불린다. 블렌더에 물기 뺀 캐슈너트, 굳지 않은 상태의 코코넛 오일, 레몬즙과 제스트, 아가베 시럽, 천일염을 넣고 간다. 강한 속도로 돌리되 잠깐잠깐 멈춰 주어 용기 옆면에 묻은 것이 자연스레 딸려 내려가 고루 갈릴 수 있게 한다. 매끄러운 크림 상태가 되면 레몬 크림이 완성된 것. 레몬 크림을 무스링 속 반죽 위로 채운 뒤 냉장실에 넣어 하룻밤 둔다.

코코넛 샹티이 크림

코코넛 밀크와 스테인리스 믹싱 볼은 하루 전에 냉장실에 넣어 두어 차갑게 준비한다. 차가워진 코코넛 밀크의 굳은 부분만 걷어 슈거 파우더 2큰술을 더해 핸드 믹서로 거품을 낸다. 휘핑크림 정도의 점도가 될 때까지 돌린다.

담기 & 마무리

냉장실에서 무스링을 꺼내어 케이크를 분리한 뒤 코코넛 샹티이 크림을 올리고 레몬 제스트로 장식해 마무리한다.

영양 정보

라즈베리는 대부분의 붉은 베리류가 그렇듯
그리 달지 않으면서 비타민 C와 항산화 성분이 풍부하다.
유유상종이라고, 붉은 줄기가 특징인 루바브 역시 라즈베리를 닮은 장점을 지녔는데
거기다가 칼슘의 함유량까지 많다.

루바브와 라즈베리를 올린 옥수수 쌀가루 타르트

4인분 | 준비 1시간 15분 | 조리 40~50분 | 휴지 2시간

스위트 페이스트리 반죽

옥수수가루 125g
쌀가루 125g
바닐라 슈거 파우더 95g
달걀 큰 것 1개(60g)
실온 버터• 150g
아몬드가루 30g
플뢰르 드 셀 1꼬집

딱총나무 열매 피클

와인 비니거 250g
설탕 50g
딱총나무 열매

원심분리한 루바브 즙

루바브• 2줄기
레몬즙

라즈베리 딱총나무 술 절임

잘 익은 라즈베리 2팩
딱총나무 술(10쪽) 30g
라임즙과 제스트 1개 분량

고명

딱총나무 꽃 3꼬집
껍질 벗긴 루바브(신맛 강하지 않은 것) 8줄기
버터 20g
신선한 라즈베리 10알

• **실온 버터** 20~30℃ 정도의 실온에 두어 크림처럼 부드러워진 상태의 버터를 말한다.

• **루바브**rhubarb 대황의 일종으로 붉은색의 굵은 줄기를 먹는다. 아삭거리는 식감의 강한 신맛, 은은한 단맛이 나며 파이와 잼 등으로 요리한다.

스위트 페이스트리 반죽

오븐을 150℃로 예열한다. 오븐용 트레이에 옥수수가루를 펼친 뒤 오븐에 넣고 타지 않게 지켜보면서 15~20분 동안 구워 식힌다.
제과용 반죽기를 준비한다. 전용 볼에 실온 버터와 슈거 파우더를 넣고 나뭇잎 모양의 혼합용 팔레트를 끼워 반죽기를 돌린다. 달걀(전란)을 넣은 뒤 아몬드가루, 구운 옥수수가루, 쌀가루, 소금을 더해 마저 반죽한다. 유산지 위에 페이스트리 반죽을 얇고 고르게 잘 펼친다. 그 위로 유산지를 1장 덮어 냉장실에 1시간 동안 둔다.

딱총나무 열매 피클

반죽이 발효되는 1시간 동안, 딱총나무 열매를 설탕과 섞어 건더기가 잠길 만큼 식초를 부어 절인다.

원심분리한 루바브 즙

루바브를 씻어 토막 낸 뒤 원심분리식 착즙기에 넣어 즙을 낸다. 루바브 즙에 산화가 일어나지 않게 레몬즙을 조금 더하면 좋다.

라즈베리 딱총나무 술 절임

믹싱 볼에 라즈베리를 담고 라임즙과 제스트를 넣어 포크로 으깬 뒤 딱총나무 술을 붓는다. 라즈베리가 마르지 않도록 키친타월이나 면포를 덮어 1시간 동안 둔다.

루바브 익히기

고명 재료의 루바브를 6~8cm 크기로 자른 뒤 프라이팬에 버터를 조금 넣어 익힌다. 루바브 즙을 둘러 팬에 눌은 것을 녹여낸다(조리 용어로 데글라세 deglacer한다고 표현한다). 루바브가 충분히 익도록 5분 정도 두었다가 불에서 내린다.

타르트 굽기

사용할 프라이팬 지름(20~25cm 정도가 적당) 크기에 맞게 페이스트리 반죽을 원형으로 자른다. 그 위로 으깬 라즈베리 절임을 고루 펴 바른다. 프라이팬에 오일을 살짝 두른 뒤 반죽을 조심히 옮겨 담고 불을 켠다.
반죽 가장자리부터 색이 나기 시작하면 버터에 익혀 둔 루바브를 올려 6분 동안 더 굽는다. 반죽 윗부분까지 충분히 색이 나게 둔다. 충분히보다 오히려 색이 너무 났다 싶을 때까지 두어야 제대로 캐러멜라이즈 된 깊고 진한 달콤한 타르트를 맛볼 수 있다.

담기

타르트가 다 구워지면 딱총나무 열매 피클을 올리고 신선한 라즈베리도 곁들인다. 작고 여린 딱총나무 꽃을 흩뿌려 낸다.

영양 정보

감초는 음식 재료로 쓰이는 일이 참 드문 것 같다.
아마도 감초의 향기가 모든 것을 단번에 압도할 만큼 독특하고 강해서일 거다.
하지만 감염을 막고 점막을 아물게 하는 효과가 매우 뛰어나
인후나 위 점막에 상처가 났을 경우에는 감초보다 더 나은 약이 없을 정도다.

체리와 감초가 어우러진 펜넬 샐러드

4인분 | 준비 40분 | 조리 4분 | 휴지 30분

체리 펜넬 비네그레트 소스

체리 80g
펜넬 1/2개
올리브 오일 100g
라임즙과 제스트 1개 분량
아카시아 꿀 1작은술

구운 체리

단맛 많은 체리 1kg
레몬즙 1개 분량
후추

펜넬 샐러드

펜넬 1개
레몬즙과 제스트 1개 분량
감초 막대* 1개
체리 12개

마무리

한련화 잎

* 감초 막대 감초 뿌리를 말려 막대처럼 잘라 놓은 것.

체리 펜넬 비네그레트 소스

펜넬을 착즙기에 돌려 즙을 낸다. 체리는 즙이 쉽게 빠져나올 수 있도록 씨를 뺀 뒤 포크로 으깨어 놓는다. 펜넬즙과 으깬 체리를 섞고 나머지 재료를 모두 넣어 거품기로 잘 휘저어 섞는다. 필요하면 꿀을 조금 더해 달기를 조절한다. 차게 둔다.

구운 체리

체리는 씨를 뺀다. 프라이팬을 기름 없이 달군 뒤 체리를 넣고 레몬즙 한술을 넣는다. 뚜껑을 덮고 3~4분 동안 익힌 뒤 불에서 내려 후추를 뿌린다. 필요하면 레몬즙을 더 넣어도 좋다.

펜넬 샐러드

펜넬은 슬라이서로 얇게 저민다. 펜넬이 아삭함을 유지하도록 레몬즙을 뿌린 얼음물에 담가 둔다.

펜넬의 물기를 제거한 뒤 체리 펜넬 비네그레트 소스를 뿌리고 신선한 체리를 더한다. 레몬 제스트와 한련화 잎을 올려 장식하고 감초 막대를 강판에 갈아 샐러드 위에 뿌린다. 냉장실에 30분 둔다.

담기 & 마무리

접시를 준비해 구운 체리가 따뜻할 때 넉넉하게 떠 올린다. 거기에 펜넬 샐러드와 아주 차가운 체리 과육을 더한다. 남은 비네그레트 소스는 따로 낸다.

영양 정보

글루텐 프리인 이 어여쁜 디저트 롤은 만들기도 쉽고 과정도 재미나다. 타피오카는 철분과 비타민 K가 풍부해 뇌 건강에도 도움을 준다.

타피오카 푸딩과 신선한 과일을 넣은 디저트 롤

15인분 | 준비 35분 | 조리 10분 | 휴지 3시간

타피오카 푸딩

코코넛 밀크　500ml
메이플 시럽　35g
타피오카 전분　35g

고명

키위　2개
망고　1개
딸기(모양 예쁜 것)　10개
바질 잎　5장
민트 잎　5장
라이스 페이퍼　15장
코코넛 채　1큰술
검은깨　1큰술
흰깨　1큰술

초콜릿 소스

코코넛 밀크　400ml
카카오 함량 70% 다크 초콜릿　200g

타피오카 푸딩

냄비에 코코넛 밀크와 메이플 시럽을 넣고 데운다. 김이 오르면 타피오카 전분을 넣고 강한 불에서 계속 저어주면서 8분간 익힌다. 불에서 내려 20×10cm 정도 되는 사각 접시로 옮겨 담은 뒤 3시간 정도 서늘한 곳에서 충분히 식힌다.

고명

소로 넣을 과일을 준비한다. 키위와 망고는 껍질을 벗기고 딸기는 꼭지를 딴다. 키위와 딸기는 얇은 편으로 일정하게 썰고 망고는 채를 쳐서 준비한다.
바질 잎 중 가장 작은 잎들은 장식용으로 두고 나머지는 잘게 다진다. 민트 잎도 다진다.

롤 만들기

식혀 둔 타피오카 푸딩을 접시에서 떼어 도마 위로 옮긴다. 길이 10cm 정도의 막대 모양 20개가 나오게 자른다. 주전자에 물 2L를 끓여 널찍한 볼에 붓는다. 뜨거운 물이 담긴 볼, 라이스 페이퍼, 나머지 재료를 작업하기 좋은 구도로 작업대에 배치한다.
라이스 페이퍼 1장을 뜨거운 물에 몇 초 담갔다가 꺼내어 잘 펼친다. 1장씩 물에 담그기를 2번 더 반복, 연달아 3개를 쌀 수 있도록 라이스 페이퍼 3장을 나란히 펼쳐놓는다. 밑단 가장자리로부터 3cm 올라온 곳 중앙에 파티오카 푸딩 1조각을 놓고 원하는 과일 조각을 올린다. 윗단으로부터 5cm 내려온 중앙에 코코넛 채나 깨를 놓고 얇게 자른 과일을 줄 맞춰 예쁘게 올린다. 라이스 페이퍼 양옆을 접은 뒤 단단하게 롤을 말아 준다.
소로 넣는 과일 조합에 변화를 주는데, '키위·민트 잎·코코넛 채' 또는 '딸기·바질 잎' 또는 '망고·검은깨나 흰깨' 이렇게 세 가지 조합으로 번갈아 가며 만든다. 완성한 롤은 차게 두는데, 표면이 마르지 않도록 랩이나 면포로 잘 덮어 놓는다.

초콜릿 소스

코코넛 밀크를 데워 다크 초콜릿 조각 위로 3번에 나눠 붓는다. 재빨리 고루 저어 매끈한 초콜릿 소스를 완성한다.

담기

과일 롤을 초콜릿 소스와 함께 낸다.

여름

영양 정보

스트레스 감소와 근육 이완에 효과가 있는 마그네슘을 다량 함유한 견과류가 바로 아몬드이다. 항산화 성분인 비타민 E도 풍부해 피부 노화를 예방해 준다.

아몬드 요거트

400ml | 준비 10분 | 숙성 3일+1주일

속껍질까지 벗겨 말린 아몬드(흰색) 100g
물 250ml
레몬즙

아몬드를 물에 담가 12시간 동안 불린다.

물기를 제거한 아몬드를 블렌더나 써머믹스에 넣어 퓌레 상태로 간다. 아몬드 불린 물을 조금씩 더해 가면서 스프레드 정도의 농도로 맞춘다.

취향에 따라 레몬즙을 몇 방울 넣어 맛을 내도 좋다.

저장용 병에 옮겨 담고 실온에서 2~3일 발효시킨다.

냉장실에 넣어 1주일 더 숙성시켜 먹는다.

영양 정보

블랙커런트의 잎은 강력한 항염 작용을 하는 데다가
스트레스 억제 호르몬인 코르티존의 분비를 촉진해 만병통치약이라 불리는 만큼
아이 어른 할 것 없이 누구에게나 매우 유용한 약용 식물이라 하겠다.
탱글탱글 새콤한 블랙커런트 열매로는 건강에 좋은 식초를 담가 보자.

블랙커런트 비니거

1L | 준비 10분 | 조리 40분 | 휴지 20분

오래된 와인 비니거　1L
비정제 설탕　50g
블랙커런트 열매　500g
블랙커런트 잎과 가지　100g

냄비에 와인 비니거와 설탕을 넣고 끓여 단촛물을 만든다.

저장용 병에 블랙커런트 열매, 잎, 가지 모두를 넣고 그 위로 끓인 단촛물을 붓는다.

20분 정도 우러나게 두었다가 85℃의 증기 오븐에서 1시간 동안 익히거나 약하게 끓는 물에 40분 정도 중탕한다. 실온에 보관하며 먹는다.

활용

블랙커런트 대신 레드커런트, 블랙베리, 복분자, 딱총나무 열매 등 다른 열매를 사용하여 식초를 만들 수도 있다.

영양 정보

젖산 발효된 음식물은 장 속 세균에게 영양분을 제공하는데
좋은 박테리아가 풍부하여 사이코바이오틱스* 효과를 낸다.
뇌가 기분 좋은 상태에서 새로운 분자를 만들 수 있게 돕는다는 의미이다.

*
사이코바이오틱스psychobiotics 심리 상태 또는 정신 상태에 관여하는 박테리아를 지칭한다.
장 속의 박테리아가 인간의 기분과 정신 상태에 영향을 미칠 수 있다는 최근의 연구결과에서 비롯된 의학 용어다.

젓산 발효시킨 세 가지 색 당근 절임

250ml 병 3개 분량 | 준비 15분 | 휴지 최소 5일

노란 당근 2개
주황 당근 2개
보라 당근 2개

절임물

회색 소금 30g
물 1L

냄비에 물과 소금을 넣고 끓여 절임물을 만든다. 불에서 내려 실온으로 식힌다.

당근은 껍질을 벗겨 준비한다. 강판으로 가늘게 채를 쳐서 각각의 저장용 병에 색깔별로 나눠 담는다. 꾹꾹 눌러 담아 병 속의 공기량을 최소화한다. 당근 채가 완전히 잠기도록 절임물을 붓는데, 병 입구로부터 2cm 정도만 남기고 넉넉하게 채운다. 절임물 밖으로 솟아나오는 당근이 없도록 한다. 밀폐 뚜껑을 닫아 실온에서 5일 정도 먼저 발효시킨 뒤 20℃ 미만의 서늘한 곳에서 2주 동안 더 두었다가 먹는다. 냉장실에 보관한다면 좀 더 길게 3~4주 정도 두었다가 먹으면 된다.

그 뒤로는 실온에 보관하는데, 몇 달 동안은 변함없이 맛있는 당근 절임을 즐길 수 있다.

영양 정보

건초*를 물에 우려내면 미량 원소인 규소가 추출되는데, 규소는 콜라겐 합성을 촉진하여 피부 결을 곱게 만들어 준다.

*

건초 가축을 먹이기 위해 목초지나 초원의 풀을 모아 말린 것을 말하는데, 다양한 식물을 요리에 접목시키려는 최근의 조리 경향을 반영, 건초가 고급 식재료상에도 등장하기 시작했다. 물에 우리거나 버터에 첨가하거나, 불이나 고열에 훈연하는 등 음식에 은근한 향을 더하기 위해 건초가 사용되고 있기 때문이다(한국에서 짚을 활용하는 것을 떠올려보면 이해가 쉽다). 프랑스에서는 질이 좋아 원산지 보호명칭 AOC를 따낸 건초도 있다. 향긋하게 잘 마르고 긴 줄기에 먼지가 적게 붙은 질 좋은 건초를 골라 깨끗이 씻은 뒤 고루 펼쳐 잘 말려 사용하면 된다.

건초 우린 차로 만든

레모네이드

2L | 준비 10분 | 조리 10분 | 휴지 45분

건초 100g
미네랄 함량이 적은 연수[●] 2L

곁들임 재료(선택 사항)

감귤류 과일 슬라이스
오이
제철 과일(복숭아나 붉은 베리류 따위)
아가베 시럽
무스코바도[●] 설탕

물 2L를 우르르 끓여 불에서 내린 뒤 건초를 담근다. 10여 분간 우러나게 둔다. 체에 거른 건초차를 45분 이상 냉장실에 두어 식힌다(냉동실에 두고 급히 식혀도 괜찮다).

충분히 차가워지면 기호에 맞게 곁들임 재료를 추가하여 즐긴다.

응용

탄산이 들어가지 않은 생수 500ml에 건초를 20분 정도 우려내면 맛이 더 진한 차가 얻어지는데, 여기에 탄산수 1.5L를 부어 레모네이드를 만들어도 좋다.

●
연수 칼슘과 마그네슘 등 미네랄 용해량이 많아 경도가 높은 물을 경수硬水, hard water라고 하며, 용해된 미네랄이 비교적 적은 물을 연수軟水, soft water라고 한다. 경수는 묵직하고 진하며 미끈거리는 느낌이 있고, 연수는 그에 비해 가볍고 부드러워 깔끔한 느낌이다. 경도가 높은 물은 침전물이 생기기 쉬워 비누가 잘 안 풀리고 심하면 음식의 맛을 떨어뜨리기도 한다. 일반적으로 생수라 하여 가장 많이 음용되는 물이 바로 광천수(미네랄 워터)이다. 여기에 다시 별도의 물리 화학적 처리를 가해 미네랄과 금속이온 등을 거의 제거한 물은 정제수, 순수純水로 분류된다.

●
무스코바도 muscovado 원당을 부분적으로만 정제해 만든 사탕수수당. 당밀이 포함된 사탕수수 즙을 건조해 만드므로 사탕수수의 풍미와 미네랄 성분을 지닌다. 색이 비슷한 흑설탕(당밀을 완전 제거하고 정제한 백설탕에 검은 당밀이나 캐러멜 색소를 더해 만든다)과 비교할 때, 입자는 거칠지만 수분이 많아 한결 더 촉촉하며 진하고 깊은 벌꿀 맛을 낸다.

영양 정보

산자나무 열매(씨벅톤sea buckthorn)는 미니 영양소 폭탄이라 불릴 만큼 사람 몸에 유익한 열매다. 강력한 항산화 성분과 항염 작용, 피부 재생 능력, 오렌지보다 30배나 많은 비타민 C뿐 아니라 지방산과 아미노산, 미네랄까지 풍부한 완전 식품이자 강장 식품이다.
산자나무 열매는 입안에는 상쾌한 맛의 악센트를, 몸에는 확실한 활력을 선사한다.

여름 채소 바비큐

산자나무 열매 소스를 곁들인

4인분 | 준비 20분 | 조리 20분

채소 구이

가지 2개
주키니호박 3개
노란 파프리카 3개
체리 토마토(송이) 400g
소금
올리브 오일

산자나무 열매 소스

산자나무 열매즙 5큰술
올리브 오일 10큰술
레몬즙 1개 분량
비정제 소금 2꼬집

채소 구이

채소를 씻어 적당한 크기로 자른다. 가지는 동그란 모양을 살려서, 호박은 길게 사선으로 두께 1cm가 되게 썬다. 파프리카는 길게 4등분 하여 씨 부분을 제거한다. 토마토는 꼭지 부분이 떨어지지 않게 송이에서 떼어내 반으로 썬다. 열매 크기가 작은 것은 통째로 구워도 된다.
가열해 둔 바비큐 그릴에 준비한 채소를 올려 그릴 자국을 내어 굽는다. 다 구운 채소는 널찍한 내열 접시로 옮겨 담고 소금과 올리브 오일을 뿌린다.
잔열이 남아 있는 그릴 위에 접시째 올려 5분 정도 더 익힌다.

열매 소스

채소가 구워지는 동인 소스 재료 모두를 핸드 블렌더나 포크를 써서 충분히 섞어 부드러운 크림 상태로 만든다.

담기

잘 구워진 채소에 산자나무 열매 소스를 곁들여 낸다.

영양 정보

사랑, 하면 바로 연상되는 장미꽃.

장미꽃 향기는 심장의 차크라•를 여는 힘을 지녔다.

장미 향을 음식에 적용하면 먹는 동안

우리 몸이 최상의 상태에서 음식을 섭취할 수 있게끔 돕는다.

•
차크라chakra 인간 신체 곳곳에 자리한 정신적 힘의 중심부라 여겨지는 곳. 내분비계와 직접 관련되어 있으며, 에너지를 받고 전달하는 기능을 담당한다.

프로방스식 토마토 구이

장미 샐러드를 곁들인

10인분 | 준비 40분 | 조리 40~50분

토마토 즙

소의 심장 토마토● 큰 것 2개

장미가 들어간 프로방스 소스

빵가루 100g
다진 마늘 10g
장미 꽃잎 다진 것 30g
블랙커런트 비니거(49쪽) 건더기 다진 것 30g
강한 맛 겨자● 20g
소금
후추

비네그레트 소스

씨겨자 1큰술
올리브 오일 50g
블랜커런트 비니거(49쪽) 1큰술
소금
후추

토마토 구이

소의 심장 토마토 5개
강한 맛 겨자 2큰술

장미 샐러드

화학약품 처리를 하지 않은 파파 메이앙 장미● 5송이
블랙커런트 비니거(49쪽) 100g

●
소의 심장 토마토tomate coeur de boeuf 소의 심장을 닮았다고 이름 붙여진, 하나에 500~600g 나가는 대형 토마토. 일반 토마토보다 과육이 부드러우며 즙도 많고 달다.

●
강한 맛 겨자 겨자의 맛과 향이 강한 종류로 제품에 forte, strong, hot 등으로 별도의 표기가 되어 있다.

●
파파 메이앙 장미 Papa Meilland rose 교배종 장미로 꽃잎이 크고 향기로우며 꽃잎 수도 35개로 많다. 벨벳 느낌이 드는 짙은 붉은색의 장미 꽃잎은 과일인 리치 맛이 난다.

토마토 즙

토마토를 착즙기에 넣어 즙을 낸 뒤 체에 한 번 거른다.

장미가 들어간 프로방스 소스

블렌더에 빵가루와 마늘을 넣어 간다. 다진 장미 꽃잎과 블랙커런트 다진 것을 넣고 마지막으로 겨자와 토마토즙 20g을 더한다. 블렌더를 느린 속도로 돌려 균질한 질감의 소스를 만든다. 소금과 후추로 간을 맞춘다.

비네그레트 소스

냄비에 토마토즙 100g을 담아 약한 불에서 졸인다. 시럽 상태가 되면 씨겨자를 넣어 잘 섞은 뒤 불에서 내린다. 올리브 오일을 넣고 거품기로 고루 섞은 다음 블랙커런트 비니거를 넣고 소금과 후추로 간을 맞춘다.

토마토 구이

오븐을 180℃로 예열한다. 토마토는 둥근 모양을 살려 4조각이 나오도록 두툼하게 썬다. 강한 맛 겨자를 바른 뒤 만들어 둔 프로방스 소스를 넉넉히 올려 덮어준다. 내열 접시로 옮긴 뒤 오븐에 넣고 30~40분 정도, 연한 색이 날 때까지 굽는다.

장미 샐러드

장미 송이에서 꽃잎을 하나하나 조심히 떼어 낸다. 블랙커런트 비니거에서 건더기를 조금 건져 으깬 뒤 꽃잎과 섞는다.
음식을 내기 직전, 아직 온기가 남아 있는 비네그레트 소스를 고루 부어 장미 꽃잎을 살짝 익힌다. 필요하면 간을 해도 좋다.

마무리 & 담기

오븐에 구운 토마토에 장미 샐러드를 곁들여 낸다.

영양 정보

블랙베리에는 비타민 C와 포타슘, 폴리페놀이 풍부하게 들어 있어 정맥을 튼튼하게 하고 혈류가 윤활하도록 돕는다.

당근에는 항산화 성분인 카로틴이 많은데, 카로틴은 질 좋은 지방산과 함께 섭취할 때 체내 흡수율이 월등히 높아지니, 이 점을 잊지 말자.

야생 블랙베리 소스를 곁들인 색색의 당근 찜

10인분 | 준비 25분 | 조리 20분

당근과 블랙베리

주황 당근 줄기째 10개
노란 당근 줄기째 10개
흰 당근 줄기째 10개
보라 당근 줄기째 10개
신선한 야생 블랙베리 50g
펜넬 줄기 말린 것 1개
마늘 1쪽

당근 줄기와 블랙베리를 넣은 비네그레트 소스

당근 줄기 100g
신선한 블랙베리 200g
올리브 오일 150ml
소금
후추

따뜻한 소스

레몬즙 1개 분량
올리브 오일

당근과 블랙베리

야생 블랙베리는 싱싱한 것과 무른 것을 나눈다. 당근은 줄기를 자르고 껍질은 벗긴다. 당근 줄기와 껍질 그리고 무른 블랙베리도 버리지 말고 둔다.

찜기 중 물을 끓이는 용도인 아래쪽 냄비에 당근 껍질, 당근 줄기 약간, 무른 블랙베리를 넣고 재료가 잠길 만큼 물을 부어 향신 채수를 끓인다. 증기 구멍이 나있는 찜기에는 당근 줄기를 깐 뒤(장식을 위해 몇 줄기는 남겨 둔다) 당근을 올린다. 향신 채수가 끓고 있는 냄비 위로 당근을 올린 찜기를 얹어 10~12분 정도 찐다.

당근 줄기와 블랙베리를 넣은 비네그레트 소스

깨끗이 씻은 당근 줄기와 블랙베리를 블렌더에 넣고 간다. 올리브 오일을 더해 거품기로 잘 휘저어 섞은 뒤 간을 하면 비네그레트 소스 완성.

따뜻한 소스

당근과 블랙베리를 넣어 끓인 향신 채수를 체나 면포에 거른다. 냄비에 부어 양이 반으로 줄 때까지 졸인 뒤 맛을 보는데, 필요하면 레몬즙을 더해 신맛을 조절한다. 올리브 오일을 넣고 섞어 소스를 완성한다.

담기 & 마무리

그릇에 먼저 비네그레트 소스를 한술 두르고 찜기에 찐 당근을 담는다. 그 위로 신선한 당근 줄기를 올려 장식하고 여분의 올리브 오일과 레몬즙을 뿌려 간한다. 따뜻한 소스를 곁들여 낸다.

영양 정보

전통 방식으로 두부나 두유를 만들 때 나오는 콩 찌꺼기를 비지라고 부르는데 이번 레시피에서 제안하는 것은 아몬드 비지의 활용이다. 아몬드 밀크를 짜내고 난 아몬드 비지에는 영양성분이 여전히 남아 있어 장내 미생물에게 유익한 섬유질 먹이가 된다. 고로 혈당 수치를 낮추고자 할 때 음식에 아몬드 비지를 적절히 활용해 보자.

아몬드 소스를 곁들인

아몬드 비지 팔라펠

팔라펠 20개 | 준비 20분 | 조리 10분

팔라펠•

아몬드 비지(156쪽) 260g
삶은 병아리콩 300g
마늘 2쪽
이탈리안 파슬리 1단
레몬즙 1개 분량
올리브 오일 80g
플뢰르 드 셀 1작은술
흰깨 50g
검은깨 50g
아마씨 50g

아몬드 소스

통아몬드로 만든 퓌레 40g
아몬드 크림 200ml
레몬즙 15ml
올리브 오일 20g
소금

담기 & 마무리

적근대 잎 또는 소렐

• **팔라펠**falafel 병아리콩이나 누에콩에 허브와 채소 등을 섞어 페이스트 상태로 만든 다음 작고 동그랗게 뭉쳐 튀긴 음식으로 중동의 여러 지역에서 두루 먹는다. 간식, 가벼운 식사, 샌드위치 재료 등으로 사용된다.

팔라펠

오븐을 180℃로 예열한다.
블렌더에 삶은 병아리콩, 껍질 깐 마늘, 파슬리 잎, 레몬즙, 올리브 오일, 소금을 넣고 균질한 상태가 될 때까지 간다. 믹싱 볼로 옮겨 만들어 놓은 아몬드 비지를 넣어 잘 섞는다.
반죽을 탁구공 크기로 둥글게 빚어 깨와 아마씨에 굴려 묻힌다. 흰깨와 검은깨를 섞어서 묻혀도 좋고 각각 따로 묻혀도 좋다. 오븐 트레이에 유산지를 깐 뒤 팔라펠을 올려 오븐에서 10분 동안 굽는다.

아몬드 소스

블렌더에 재료를 모두 넣고 고루 섞이도록 몇 분 돌린다.

담기 & 마무리

팔라펠은 뜨거울 때 곧바로 소스와 함께 낸다. 어린 적근대 잎이나 소렐을 곁들인다.

영양 정보

대마는 자연이 인간에게 내린 선물이라 할 만큼 버릴 데라고는 없는 귀한 식물이다.
대마의 섬유는 직물을 짜거나 절연재를 만드는 등 다양한 용도로 쓰이며
대마의 씨앗인 헴프 씨드hemp seed는 단백질, 탄수화물, 지방이 완전한 균형을 이룬 건강 식품으로 소비되고 있다.
헴프 씨드는 체내의 단백질 흡수에 꼭 필요한 8가지 필수 아미노산을 함유하고 있으며, 오메가 3 또한 풍부하다.
껍질 벗긴 헴프 씨드는 단맛이 은은히 감돌며 신선한 헤이즐넛 맛이 나서 건강하고 매력적인 미식 재료로 널리 사랑받고 있다.

헴프 씨드 그라탱과 싱싱한 맏물 채소

10인분 | 준비 35분 | 조리 20~25분 | 휴지 하룻밤

헴프 씨드 밀크

헴프 씨드 200g
미네랄 워터 500g

헴프 씨드 그라탱

헴프 씨드 800g
채수 600g
양파 1개
소금

채소

래디시 줄기째 10개
비트 줄기째 3개
당근 줄기째 10개
완두콩 1줌
잠두콩 1줌
자색 양파 작은 것 1개

줄기 페스토

헴프 씨드(볶지 않은 것) 35g
다진 마늘 5g
올리브 오일 80g

담기 & 마무리

장식용 꽃
장식용 어린 잎
올리브 오일
레몬즙
소금
통후추 간 것

• **맏물 채소** 맏물은 끝물의 반대 개념으로, 그 해에 맨 처음 나는 채소를 말한다. 아삭하고 향기로운 색색의 맏물 채소는 싱싱한 계절 에너지를 식탁에 선사한다.

헴프 씨드 밀크

하루 전날, 헴프 씨드를 미네랄 워터 500g에 불려 놓는다. 불려 둔 헴프 씨드를 블렌더에 넣어 곱게 갈아 간한다.

헴프 씨드 그라탱

오븐을 160℃로 예열한다. 그라탱 접시에 가늘게 썬 양파를 담아 오븐에 넣고 수분이 나오도록 찌듯이 익힌다. 꺼내어 헴프 씨드를 넣고 소금으로 간한 뒤 채수나 물을 붓고 다시 오븐에 넣어 20~25분간 더 익힌다.
재료가 녹진히 눌어 섞이면서 잘 익으면 오븐에서 꺼내어 따뜻하게 둔다.

채소

래디시, 비트, 당근은 깨끗이 씻어 껍질을 벗긴다. 줄기만 남겨 두고 나머지 재료는 모두 채칼로 얇게 저민 뒤 얼음물에 담가 아삭함을 유지한다.
자색 양파는 잘게 다진다. 잠두콩과 완두콩은 꼬투리를 제거하고 생으로 둔다.

줄기 페스토

남겨 둔 채소 줄기 50g을 마늘, 헴프 씨드와 함께 블렌더에 간 뒤 올리브 오일을 더해 균질한 느낌이 나도록 고루 잘 섞는다. 간을 맞춘다.

담기 & 마무리

음식을 내기 직전, 고명으로 곁들이는 채소에 소금, 후추, 올리브 오일, 레몬즙을 뿌려 버무린다. 볼에 줄기 페스토를 한술 담고 채소 버무린 것을 올린 뒤 장식용 꽃과 잎을 더한다. 그 위로 따뜻한 헴프 씨드 그라탱을 넉넉하게 한술 얹고 마지막으로 헴프 씨드 밀크 한술을 곁들여 마무리한다.

영양 정보

오이는 강알칼리성 채소로,
체내 산성도를 낮춰 몸이 산성으로 기우는 것을 막고 산성화된 몸을 중화시켜 준다.
알칼리성 오이와 미네랄이 풍부한 해조류를 함께 섭취하는 이번 요리는
건강의 필수 조건인 산-알칼리 균형 유지를 위한 완벽한 레시피가 될 것이다.

해초 타르타르를 올린 구운 오이

10인분 | 준비 30분 | 조리 25분 | 휴지 6시간

해초 타르타르

생다시마 150g
생미역 150g
생덜스• 150g
샬롯 60g
와인 비니거 150ml
레몬 2개
올리브 오일 1큰술
레몬즙 1개 분량
피멍 데스플레트•
후추

월계수 파우더

월계수 1단

오이

미니 오이 15개
올리브 오일

담기 & 마무리

미니 오이 꽃 30송이
올리브 오일 1작은술
레몬즙 1/2작은술

• **덜스**dulse 북유럽 쪽에서 식용하는 손바닥 모양의 홍조류.

• **피멍 데스플레트**Piment d'Espelette 프랑스 바스크 에스플레트 지방에서 나는 고춧가루. 그다지 맵지 않으면서 달착지근한 맛이 특징이다.

해초 타르타르

샬롯은 껍질을 벗기고 가늘게 썬다. 와인 비니거에 반나절 동안 절여 두었다가 물기를 뺀다.
오븐을 220℃로 예열한다. 200℃로 오븐 온도를 낮춘 뒤 레몬을 통째로 넣어 25분 동안 굽는다. 탄다 싶을 정도로 구워지게 둔다. 레몬을 꺼내어 반으로 갈라 과육은 긁어 둔다.
해초는 칼로 굵직하게 다진 뒤 구운 레몬의 과육, 절인 샬롯, 피멍 데스플레트, 올리브 오일, 후추, 레몬즙을 넣어 간을 하여 버무린다.

월계수 파우더

월계수 잎만 따서 식품 건조기에 넣고 바짝 건조시킨다. 분쇄기에 돌려 고운 파우더 상태로 만든다.

오이

미니 오이는 길게 반으로 가른다. 프라이팬에 올리브 오일을 아주 조금만 두르고 달궈지면 오이의 절단면 쪽이 바닥으로 가도록 올려 색이 나게 굽는다. 오이의 아삭함이 유지될 정도로 굽는다.

담기 & 마무리

구운 오이가 따뜻할 때 접시에 담고 해초 타르타르를 오이 위에 고루 얹는다. 올리브 오일과 레몬즙을 뿌린 오이 꽃을 올린다. 접시 전반에 월계수 파우더를 넉넉히 흩뿌려 완성하고 남은 해초 타르타르는 볼에 따로 담아낸다.

응용

월계수 잎을 직접 말리는 대신
말린 월계수 잎을 사서 곱게 갈아도 된다.

영양 정보

날카로운 털로 덮인 톱니 모양 잎 때문에 다루기가 쉽진 않지만, 쐐기풀은 장점이 대단히 많은 식물이다. 칼슘, 마그네슘, 철, 엽록소 등 세포에 산소를 공급해 주는 미네랄이 풍부해 미네랄 감소 증상이나 빈혈, 관절통에 대단히 효과적인지라 자연요법에서 약용 재료로 자주 사용된다. 규소의 함유량도 높아 쐐기풀을 자주 섭취하면 매끄러운 머릿결과 손톱을 유지할 수 있다. 야생초인 호그위드hogweed의 잎은 피부 질환이나 감염 완화에 사용된다.

부드러운 쐐기풀 수프

바삭한 곡물 시리얼을 뿌려 먹는

2인분 | 준비 20분 | 조리 20분 | 휴지 24시간

쐐기풀 수프

쐐기풀(윗부분만 사용) 1다발
주키니호박 1개
양파 1개
진간장 1큰술
호그위드 잎 3줄기 분량(선택 사항)
생크림(또는 코코넛 크림)
비정제 소금
후추

크루통

로즈메리 1줄기
해바라기씨(불린 것) 140g
물 10ml
올리브 오일 25g
레몬즙 1큰술
메밀 플레이크 20g
플뢰르 드 셀 2g

크루통

하루 전날 크루통을 준비한다. 스탠드 믹서에 크루통 재료 모두를 넣고 매끈한 질감이 날 때까지 간다.

유산지 위에 반죽을 옮겨 얇고 넓게 펼친다. 식품건조기에 넣고 50℃에서 24시간 동안 말려 바삭한 질감을 얻는다. 건조 도중에 바닥을 유산지에서 구멍이 있는 메시 시트로 바꿔 준다.

쐐기풀 수프

재료에서 크림만 빼고 모두 냄비에 담는다. 재료가 반쯤 잠길 정도로 물을 더해 20분 동안 끓인다. 블렌더에 넣고 크림 상태의 질감으로 간다.

담기 & 마무리

색이 곱고 식감이 부드러운 쐐기풀 수프에 생크림이나 코코넛 크림 1작은술을 곁들이면 기분 좋은 맛의 변화를 즐길 수 있다. 말린 크루통을 부숴 수프 위에 올린 뒤 바로 낸다.

참고

만약 직접 쐐기풀을 따서 쓰는 경우라면
차량 통행이 많은 길가에서 자란 풀은 피하고,
오리 오줌이 묻어있을 수 있는 길목의 풀도 피하자.
키가 크게 자란 쐐기풀을 선별해
윗부분만 사용하는데, 만약 열매가 달려있다면
잘숨까지 덤으로 섭취할 수 있으니 오히려 반가운 일.
잘라내지 않고 그대로 쓰면 된다.

영양 정보

귀리는 건강에 매우 유익한 곡물로
허기가 지거나 힘이 빠지는 느낌 없이 혈당 수치를 낮춰주는 효능을 지녔다.
든든한 포만감을 안겨 주니 아침 식사나 간식 재료로도 적격이다.

그릴에 구운 여름 과일과 귀리 아이스크림

귀리 아이스크림

캐슈너트 100g
귀리 플레이크(귀리를 말리고 쪄서 납작하게 누른 것) 50g
아가베 시럽 170g
귀리 밀크 300ml
코코넛 오일 60ml
소금 4꼬집

구운 과일

복숭아 4개
살구 6개
무화과 6개
체리 300g
로즈메리 1줄기
라벤더 3줄기

귀리 아이스크림

아이스크림은 적어도 하루 전에 만들어 두는 것이 좋다. 먼저 캐슈너트를 물에 담가 1~2시간 동안 불린 뒤, 아이스크림 재료 모두와 함께 블렌더에 넣고 갈아 균질하면서 매끄러운 질감의 반죽을 만든다. 아이스크림 메이커로 옮겨 담고 작동시킨다. 아이스크림이 완성되면 냉동실로 옮겨 보관한다.

구운 과일

복숭아는 4등분 한다. 살구와 무화과는 2등분 한다. 체리는 반 갈라 씨를 뺀다.
체리를 뺀 나머지 과일을 뜨겁게 달군 바비큐 그릴에 올려 색깔이 살짝 나게 굽는다. 구운 과일은 열에 강한, 큼직한 토기 그릇에 보기 좋게 옮겨 담은 뒤 그 위로 체리와 로즈메리, 라벤더를 마저 담는다. 구운 과일이 마르지 않도록 토기의 뚜껑이 있다면 그 뚜껑으로, 없으면 유산지로 잘 덮어준 뒤 잔열이 남은 그릴 위에 그대로 올려 8분 정도 더 익힌다.

담기

구운 과일은 따뜻한 그릇째 테이블에 낸다. 차가운 귀리 아이스크림을 곁들여 즐긴다.

영양 정보

꽃가루(화분)는 꿀벌이 인간에게 주는 또 하나의 귀한 선물이라 말하고 싶다.

또한, 나만의 수퍼푸드 목록에 올려놓고 개인적으로 즐겨 찾아 먹는 식품이기도 하다.

꽃가루는 단연코 생으로 섭취하는 것이 좋은데

유기농 매장의 냉동식품 코너에 가면 신선한 꽃가루를 구할 수 있다.

꽃가루는 식감이 솜털처럼 폭신하고 맛은 달콤하며 수분된 꽃이 지니는 독특한 뉘앙스를 지녔다.

꽃가루의 장점은 워낙 다양하고 모체가 되는 꽃에 따라서 차이도 있지만

대체로 비타민 B군이 풍부하여 신경 계통과 소화기 장내 세균 환경에 도움을 준다.

꽃가루와 달콤한 시리얼을 뿌려 즐기는 딸기 절임

4인분 | 준비 10분 | 조리 22분

딸기 비네그레트 소스

딸기(주스용이라 모양 상관없음) 250g
레몬즙 1개 분량
올리브 오일

시럽 묻혀 구운 시리얼

물 50g
꿀 50g
잡곡과 씨앗(보리, 귀리, 해바라기씨, 호박씨, 메밀 따위) 150g

딸기 절임

신선한 딸기 750g
바질 어린 잎(선택 사항)
타임 줄기 약간(선택 사항)
레몬 제스트 1개 분량
라임 제스트 1개 분량
플뢰르 드 셀
통후추 간 것

고명

신선한 꽃가루 4작은술

딸기 비네그레트 소스

착즙기에 딸기를 넣어 즙을 낸다. 스테인리스 볼로 옮겨 담고 레몬즙을 섞은 뒤 올리브 오일을 넣어 거품기로 잘 휘젓는다. 이때 볼 아래에 얼음을 깔고 저으면 더 효과적이다.

시럽 묻혀 구운 시리얼

오븐을 160℃로 예열한다. 물과 꿀을 끓여 시럽을 만든 뒤 완전히 식힌다. 잡곡과 씨앗은 오븐에 넣어 10분간 구운 뒤 꺼내어 식힌다.
잡곡과 씨앗에 시럽을 섞는다. 오븐의 온도를 올려 180℃에 맞춘다. 트레이에 오븐용 실리콘 매트를 깔고 시럽을 묻힌 잡곡과 씨앗을 올려 넓게 펼친 뒤 오븐에 넣어 12분 동안 익힌다. 중간중간 고루 뒤적여 가며 익힌다.
꺼내어 서로 엉겨 붙지 않도록 한 번 더 저은 뒤 습기 없는 곳에 보관한다.

딸기 절임

딸기를 2등분 혹은 4등분 한다. 스테인리스 볼에 딸기를 담고 비네그레트 소스를 붓고 소금, 후추, 제스트를 섞은 뒤 바질 어린 잎과 타임 줄기를 더한다. 차갑게 보관한다.

담기

개인 볼에 담아내는데, 차갑게 둔 딸기 절임을 먼저 담고 구운 시리얼을 올린 뒤 꽃가루를 뿌려 마무리한다. 남은 비네그레트 소스는 따로 낸다.

영양 정보

콤부차[kombucha]는 내장 건강에 도움을 주는 효모와 미생물이 응축된 건강 음료다.

달콤한 액체를 미생물의 먹이로 삼아 발효시켜 우리 몸에 유익한 물질을 생성해내게 하는 원리로, 몽골에서 유래된 음료인 만큼 그 지역에서 흔한 음료인 차를 매개로 하는 것이 일반적이다.

콤부차를 구입할 때에는 저온살균을 거쳤거나 보존제나 첨가제가 들어간 것은 피해야 한다.

콤부차의 장점을 발현해 줄, 살아있는 미생물을 죽여 없앨 수 있기 때문이다.

붉은 베리류를 넣어 만든 콤부차 아이스바

아이스바 8개 | 난이도 하 | 냉동 4시간

콤부차(플레인 또는 생강 콤부차) 300ml
딸기 8개
블루베리 100g
라즈베리 100g

딸기는 2등분 한다.

아이스바 몰드를 준비하고 각각의 틀에 딸기와 베리를 넣은 뒤 용기 높이의 4/5 정도까지 콤부차를 채운다. 손잡이용 나무 막대를 꽂는다.

냉동실에 넣고 최소 4시간 이상 얼린 뒤 먹기 직전에 꺼낸다.

활용

얼리는 동안 베리가 위로 떠올라 한쪽으로 몰리는 것을 막고 싶다면, 손잡이용 나무 막대로 잘 눌러 위치를 잡는 것도 요령이다.

영양 정보

은은한 시트러스 향기가 나는 레몬밤은 향기 박하로도 불린다.
개인적으로 특히 즐기고 애용하는 허브인데,
가진 장점과 매력에 비해 아직은 덜 인정받고 있다는 생각이 든다.
레몬밤은 소화에 도움을 주며
무엇보다 경련을 진정시키는 효능이 뛰어나 위통과 생리통에 이롭다.

신선한 허브를 우린 타이거 밀크와 구운 복숭아

4인분 | 준비 15분 | 조리 35~40분 | 휴지 1시간

구운 복숭아

잘 익은 황도 4개
해바라기 꿀 1큰술

허브를 넣은 타이거 밀크•

셀러리 흰 부분 50g
레몬밤 10g
민트 10g
레몬즙 25g
물 50g
분쇄 얼음 100g
생강 10g
해바라기 꿀 10g
고추(선택 사항)
후추

• **타이거 밀크**tiger's milk 시트러스 베이스의 향신 음료.

꿀에 구운 복숭아

오븐을 160℃로 예열한다. 복숭아는 표면에 십자로 칼집을 낸 뒤 꿀에 굴린다. 내열 접시에 복숭아를 담고 뜨겁게 달군 오븐에 넣어 35~40분 동안 굽는다. 꺼내어 잠시 식혔다가 복숭아 껍질을 살살 벗긴다.

넣은 타이거 밀크

블렌더에 타이거 밀크용 모든 재료를 넣고 최고 속도로 돌려 재료들이 균질하고 고운 농도가 될 때까지 간다. 맛을 보고 간을 한다. 1시간 정도 냉장실에 두어 차갑게 식힌다.

담기 & 마무리

껍질 벗긴 따뜻한 복숭아(씨는 빼지 않는다)를 개인 접시에 하나씩 올린다. 차갑게 둔 허브 타이거 밀크와 함께 내어 부어 먹게 한다.

가을

영양 정보

다양한 항산화 성분을 함유한 크레송에는
눈 건강에 빠질 수 없는 두 가지 색소, 루테인과 제아잔틴이 풍부하다.
크레송은 생으로 먹으면 장내 미생물의 좋은 먹이가 되는데
충분히 씹는 게 어렵거나 귀찮은 이라면 크레송을 갈아 만든 크레송 페스토가 답.

레몬 콩피와 호박씨를 넣어 만든 크레송 페스토

크레송 페스토 | 준비 20분 | 숙성 기간 3주(레몬 콩피 만드는 기간)

레몬 콩피•

유기농 벨디 레몬• 4개
물 1/2L
신선한 생강(또는 강황) 30g
굵은소금 150g

크레송 페스토

크레송 2단
마늘 2쪽
벨디 레몬 콩피 중 레몬 건더기 2개
호박씨 살짝 볶은 것 80g
올리브 오일 250ml
플뢰르 드 셀 넉넉한 4꼬집

• **콩피**confit 설탕, 식초, 기름 따위에 절인 것을 말한다.

• **벨디 레몬**beldi lemon 모로코산 레몬. 오렌지 빛이 감도는 노란색으로, 일반 레몬보다 동그랗고 작으며 배꼽은 불거져 있다. 껍질은 더 얇고 향기는 더 진하다.

레몬 콩피

레몬은 깨끗이 씻고 생강이나 강황은 껍질을 벗겨 잘게 썬다. 레몬에 십자로 칼집을 깊숙하게 내고 그 틈을 소금과 생강을 섞어 메운다. 깨끗한 저장용 병에 레몬을 옮겨 담는다.
냄비에 물과 남은 소금을 넣어 끓인 뒤 레몬이 담긴 병에 부어 레몬이 잠기도록 한다.
뚜껑을 꼭 닫아 밀폐한다. 직사광선이나 열기를 피해 최소 3주 이상 두어 레몬을 잘 절인다.

크레송 페스토

크레송은 씻어 다듬는다. 마늘은 껍질을 벗겨 밑동을 잘라낸다.
레몬 콩피의 레몬은 4등분 한 뒤 과육은 발라내고 껍질 부분은 얇게 저민다.
절구에 마늘, 크레송, 저민 레몬 껍질을 넣고 호박씨, 소금, 1/3분량의 올리브 오일을 넣는다. 절굿공이을 이용해 힘주어 으깬다. 남은 올리브 오일을 조금씩 넣어 가며 마저 으깨어 되직한 농도의 크레송 페스토를 완성한다.

큼직한 잼 병에 페스토를 옮겨 담은 뒤 페스토 윗부분이 덮이도록 여분의 올리브 오일을 부으면 완성. 올리브 오일 층이 페스토가 쉬이 변질되는 것을 막아 주므로 이렇게 만든 페스토는 냉장실에 두고 2주 정도는 먹을 수 있다.

영양 정보

비트는 영양소들의 칵테일이라 불릴 정도로 사람 몸에 유익한 채소다.

특히나 혈액에 좋은데(중국 전통의학에서는 혈액 그 자체를 하나의 완전한 장기로 여길 만큼 중요시한다) 비트가 혈액을 통한 영양 공급과 산소의 원활한 흐름을 돕고 노폐물의 배출을 이끌기 때문이다.

아마란스와 치아 씨드를 넣은 비트 절임

500g | 준비 35분 | 조리 1시간 10분 | 휴지 30분

비트 와인

비트 1kg
레드 와인 1L

비트 비니거

비트 1개
오래된 와인 비니거 750g
즙을 짜면서 나온 비트 과육 찌꺼기 250g
(큰 것 1개 분량)

비트 와인 아마란스

아마란스* 75g
비트 와인 200g

비트 와인에 익힌 치아 씨드

치아 씨드 125g
비트 와인 25g

비트 절임

비트 비니거 50g
레몬즙 10g
소금
후추

* 아마란스amaranth 남미가 원산지인 곡물로 조나 퀴노아보다도 크기가 작다. 단백질과 식이섬유가 풍부하여 슈퍼푸드로 꼽힌다.

비트 와인

비트를 원심분리식 착즙기에 넣어 즙을 낸다. 즙 그리고 짜면서 나온 과육 찌꺼기를 모두 잘 둔다. 냄비에 비트즙과 와인을 1:3 비율로 넣어 끓인다. 과육 찌꺼기를 병에 담은 뒤 끓인 와인을 모두 부어 뚜껑을 닫아 보관한다.

비트 비니거

오븐을 85℃로 예열한다. 비트는 큼직하게 토막 내어 내열 유리병에 담는다. 비트 과육 찌꺼기를 비트 토막 위로 놓고 와인 비니거를 붓는다. 1시간 정도 중탕 가열해 보관한다.

비트 와인 아마란스

아마란스를 냄비에 담고 뚜껑을 덮어 센 불에 올려 튀밥처럼 부풀어 오르게 한다. 볼에 아마란스를 옮겨 담고 200g의 비트 와인을 부어 30분 정도 불린 뒤 물기를 뺀다.

비트 와인에 익힌 치아 씨드

깊이 있는 큰 소테용 팬에 치아 씨드를 담고 비트 와인 25g을 부어 불 위에서 10분 동안 익힌다. 불에서 내려 치아 씨드가 남은 수분을 다 흡수할 때까지 뚜껑을 덮어 둔다.

비트 절임

소테용 팬에 비트 와인 아마란스와 비트 와인에 익힌 치아 씨드를 모두 붓고 레몬즙과 비트 비니거, 소금, 후추를 섞어 간을 하면 비트 절임 완성.

영양 정보

모과는 펙틴 함유량이 매우 높은 과일로
펙틴은 수분을 가두어 젤 형태로 만드는 성질을 지녔다.
이는 모과가 지닌 타닌 성분과도 연관이 있어
소화 기능을 향상시키고 내장을 보호하는 역할을 한다.

모과로 만든 겨자

1L짜리 1병 | 준비 40분 | 조리 35~40분 | 휴지 30분

모과 1kg
겨자씨 70g
강한 맛 겨자 50g
레몬즙 1개 분량

모과는 껍질을 벗긴 뒤 잘라 씨를 제거하는데 이때 나온 자투리 조각과 씨는 버리지 말고 둔다. 껍질 벗긴 모과는 작은 큐브 모양으로 썰어 실온에 30분 정도 그대로 놔둔다. 이 과정을 통해 모과 색이 밤색으로 변하면서 더욱 농축된 맛을 얻게 된다.

기다리는 동안 냄비에 모과 자투리를 넣고 자작하게 물을 부어 끓인다. 약한 불로 15분 정도 끓인 뒤 체에 걸러 물만 사용하게 둔다.

작은 냄비에 겨자씨를 넣고 볶는다. 밤회색이 돌면서 팝콘처럼 터질 때까지 볶는다. 실온에 둔 모과 큐브와 모과 끓인 물을 넣는다.

냄비 뚜껑을 덮고 모과가 몰캉해질 때까지 20~25분 동안 더 익힌다. 강력한 스탠드 믹서나 핸드 블렌더를 사용해 곱게 간다.

볼에 옮겨 담고 강한 맛 겨자와 레몬즙을 넣어 고루 섞는다. 밀폐 용기에 담아 서늘한 곳에서 최소 1~2주 동안 더 익혔다가 먹는다.

모과 겨자는 흰살 고기나 노란색 생채소에 곁들이면 그 맛이 잘 어울리며, 토스트에 발라 먹어도 별미다.

응용

모과 대신 비트나 당근처럼 은근한 단맛이 나는 과일이나 채소로 겨자를 만들어도 좋다.

영양 정보

이번 레시피는 부드럽고 포근한 맛, 기운 나게 하는 맛을 내는 데에 중점을 두었다.

가을에 마시는 단호박 라테는 몸에 활력 에너지를 선사하고

비장*에 영양을 공급해 주어 환절기를 탈 없이 날 수 있게 도와준다.

* **비장** 왼쪽 신장과 횡격막 사이에 위치한 장기이다. 면역 기능을 담당하여 혈액 속 세균을 죽이며 혈구 세포를 생성하고 노화한 적혈구를 제거하는, 우리 몸에서 가장 크고 중요한 림프 기관이다. 한의학에서는 소화된 음식물로 기와 혈을 만드는 곳으로 여긴다.

단호박 라테

정량 2L | 준비 10분 | 조리 30분 | 휴지 30분

단호박(또는 늙은 호박) 750g
무가당 아몬드 밀크 1L
계피 막대 2개
스타아니스(팔각) 2개
바닐라 빈 1개
클로브(정향) 2개
무스코바도 설탕(또는 꿀이나 코코넛 설탕) 30g

단호박 껍질을 벗긴다. 큼직하게 토막 낸 뒤 찜통에 쪄서 몰캉하게 익힌다.

단호박이 익기를 기다리는 동안 다른 냄비에 계피, 스타아니스, 클로브, 반으로 가른 바닐라 빈, 무스코바도 설탕을 넣고 아몬드 밀크를 붓는다. 약한 불에 올려 서서히 데우는데, 끓어 넘치지 않게 주의한다. 재료가 충분히 우러나도록 최소 30분 이상 데운 뒤 체나 면포에 걸러 둔다.

쪄서 식힌 단호박을 블렌더에 옮겨 담고 걸러 둔 향신료-아몬드 밀크를 붓는다. 균질하고 고운 농도의 라테가 되도록 1분을 꽉 채워 충분히 갈아 준다.

단호박 라테는 미지근하게보다는 뜨겁거나 차갑게 마시는 게 훨씬 맛이 좋다. 기호에 따라 알맞은 온도로 낸다.

영양 정보

엔다이브는 대표적인 샐러드 잎채소로

비타민 B9을 풍부하게 함유하고 있으며 신장의 배출 기능을 돕는다.

이번 레시피에 곁들이는 캐슈너트 아몬드 크림 소스는 오메가 3와 칼슘을 보충해 준다.

달콤새콤한 크림 소스를 곁들인

자색 엔다이브 샐러드

샐러드

자색 엔다이브 2개
검은 무* 1/5개
사과(또는 배 작은 것) 1개
구운 피스타치오 1큰술
레몬즙

캐슈너트 아몬드 크림 소스

캐슈너트(불려서 싹을 낸 뒤 물기 뺀 것) 20g
껍질 까지 않은 통아몬드를 갈아 만든 퓌레 1큰술
진간장 2큰술
참기름 1큰술
메이플 시럽 1큰술
레몬즙 2큰술
피멍 데스플레트 2꼬집

* 검은 무black radish 껍데기가 검은 무. 껍데기를 벗기면 속은 하얗다. 생으로 먹으면 쌉싸래하지만 익히면 보통 무처럼 단맛이 난다.

캐슈너트 아몬드 크림 소스

재료 모두를 블렌더에 넣고 돌려 매끈한 질감의 소스를 만든다.

샐러드

엔다이브는 겉잎을 제거하고 속심이 나올 때까지 한 장 한 장 잎을 뗀다. 속심은 길게 4등분 한다. 잎과 속심 모두 믹싱 볼에 담아 둔다. 검은 무와 사과(또는 배)는 슬라이서나 칼을 이용하여 둥근 모양을 살려 얇게 편 썬다. 엔다이브가 담긴 볼에 더해 레몬즙을 뿌려 샐러드를 만든다.

프라이팬에 피스타치오를 넣어 중간 불에 올려 계속 저어가며 타지 않게 볶는다. 일단 색이 나면 불에서 내린다.

담기 & 마무리

접시에 캐슈너트 아몬드 크림 소스를 올려 펼치고 그 위로 엔다이브 샐러드를 보기 좋게 올린다. 볶은 피스타치오를 강판에 굵게 갈거나 칼로 거칠게 부숴 샐러드에 흩뿌리면 완성.

영양 정보

좁쌀 크기 정도인 퀴노아는 밀을 대체하는 이상적인 곡물로 꼽힌다.
철과 망간, 아연 그리고 질 좋은 식물성 단백질(15%)이 풍부하여
퀴노아 하나만으로도 영양소 섭취가 이미 충분한, 고단백 고영양 슈퍼 곡물이다.

톡톡 터지는 퀴노아 웜 샐러드

버섯과 블랙커런트를 곁들인

퀴노아

퀴노아 500g
양파 100g
마늘 20g
버터 1조각

고명

블랙커런트 잎 40g
꾀꼬리버섯(제철 버섯으로 대체 가능) 150g
블랙커런트 비니거 속 열매 건더기(49쪽) 100g
다진 마늘 10g
코코넛 오일
소금
후추

씹히는 맛 좋게 퀴노아 삶기

넉넉하게 물을 잡아 4시간 동안 퀴노아를 불린다. 냄비에 물을 팔팔 끓여(소금은 넣지 않는다) 불린 퀴노아를 넣고 11~12분 동안 익힌다. 체에 밭쳐 물기를 빼는 동안 퀴노아에서 점점 싹이 나올 것이다.
오븐을 180℃로 예열한다. 달군 프라이팬에 버터를 녹여 가늘게 썬 양파와 다진 마늘을 볶는다. 거기에 싹 튼 퀴노아를 넣고 색이 연하게 날 때까지 볶는다.
불에서 내려 오목한 내열 접시로 옮겨 담는다. 퀴노아 불렸던 물을 조금 더해 오븐에 넣고 15분 동안 익힌다.

고명

블랙커런트 잎은 작은 큐브 모양으로 썬다. 버섯은 코코넛 오일에 재빨리 볶은 뒤 마늘, 블랙커런트 잎, 식초에 절인 블랙커런트 열매를 넣고 마저 볶아 간을 한다.

담기

접시에 퀴노아를 담고 고명을 곁들여 따뜻하게 낸다.

영양 정보

통통하니 어여쁜 생김새에 아니스 맛이 나는 펜넬 구근에는 비타민 C와 항산화 성분이 풍부하다.
가스 찬 소화기 내장을 달래 주며, 모유의 양과 질을 좋게 하여 태아의 내장을 안정시키는 데에도 효과가 있다.

크레송 페스토와 포도 펜넬 샐러드

펜넬 구근 작은 것　2개
포도송이 작은 것　1개
라임즙　1개 분량(선택 사항)
크레송 페스토(82쪽)　4큰술
파르메산 치즈　1토막
(또는 식물성 파르메산* 여러 조각)

* **식물성 파르메산** 캐슈너트나 껍질 벗긴 아몬드 같은 견과류에 식물성 효모와 소금을 더해 만든다. 불을 쓰지 않으면서 탈수나 휴지 과정이 따로 필요하지 않아 만들기가 상대적으로 간편하다. 일반 파르메산 치즈가 칼로리와 지방, 나트륨 함유량이 높다면 그에 비해 칼로리는 비슷해도 지방이 단일불포화지방이라 심혈관계에 유익하고 비타민과 미네랄이 풍부한 것이 특징이다.

슬라이서를 이용하여 펜넬과 파르메산 치즈를 얇게 편 썬다. 포도는 송이에서 알을 따서 동그란 모양을 살려 얇게 썬다.

믹싱 볼에 재료 모두를 넣고 라임즙을 부어 고루 섞는다.

샐러드는 신선하게 먹어야 제맛이므로 내기 직전에 버무리도록 한다. 접시에 크레송 페스토를 1큰술 먼저 올리는데, 숟가락 뒷면으로 으깨 가며 접시에 펼친다. 그 위로 버무려 놓은 샐러드를 올리면 완성. 포도 펜넬 샐러드는 애피타이저 메뉴로 잘 어울린다.

영양 정보

코리앤더(고수)의 개성 강한 향긋함.

거기엔 뭐랄까, 저 먼 곳으로의 여행을 연상시키는 이국적인 매력이 있다.

코리앤더 잎에는 위를 보호하고 편안하게 해주는 향기 분자가 들어 있어 긴장하기 쉬운 비즈니스 식사 때에 코리앤더가 들어간 메뉴를 고른다면 현명한 선택이 될 것이다.

미소 딥을 찍어 먹는 구운 가지와 배 꼬치

준비 10분 | 조리 25분 | 1인분

강황 비네그레트 소스

올리브 오일　100ml
레몬즙　50ml
신선한 강황(또는 다진 강황이나 강황 파우더)　1토막
피멍 데스플레트　1꼬집

꼬치

가지　3개
잘 익은 배(서양 배•)　5개

배 샐러드

덜 익은 배(서양 배)　300g
코리앤더　100g

미소 딥

잘 익은 배 조각(서양 배)　300g
시로 미소•　100g
레몬즙　10g
올리브 오일　150ml
피멍 데스플레트　1꼬집

• **서양 배** 한국의 배와 비교하면 생김새와 식감이 완전히 다르다. 우리나라 배는 크고 둥글며, 물이 많고 연하면서 아삭거림이 좋은 편이다. 서양의 배는 위가 좁고 아래가 넓은 물방울처럼 생겼다. 과육의 양과 수분 함량이 비교적 적지만 식감은 사각거리면서도 부드럽다. 과육 크기와 조직에서 다소 차이가 있으므로 요리에 사용할 때 한국산과 서양 배의 차이를 이해하고 시작하면 좋다.

• **시로 미소** 숙성 기간이 짧아 염분도 낮고 색도 연한 일본 미소로, 흰 된장(백된장)이라는 뜻이다.

강황 비네그레트 소스

레몬즙, 강황, 피멍 데스플레트를 섞는다. 올리브 오일을 더해 고루 저어 비네그레트 소스를 만든다.

꼬치

배는 껍질을 벗기고 씨를 뺀다. 가지와 배를 큼직하고 네모나게 토막 낸다. 썰고 남은 배 자투리는 버리지 말고 두었다가 미소 딥에 이용한다. 꼬치 막대에 가지와 배를 번갈아 끼우는데 꼬치 하나에 총 4조각을 꽂는다.

강황 비네그레트 소스를 꼬치에 꽂은 가지와 배 조각에 바른 뒤 뜨겁게 달군 그릴에서 양면에 그릴 자국이 나도록 굽는다.

배 샐러드

채칼을 이용해서 배를 채 썰고 거기에 가늘게 썬 코리앤더를 섞는다. 남은 강황 비네그레트 소스를 뿌려 버무린다.

미소 딥

써머믹스나 블렌더에 배 자투리와 미소, 레몬즙, 올리브 오일을 넣어 간다. 마지막에 피멍 데스플레트를 더해 섞는다.

담기 & 마무리

잘 구운 꼬치를 접시에 먹음직스럽게 담고 샐러드와 미소 딥은 각각 따로 담아 낸다.

영양 정보

셀러리악celeriac은 셀러리의 일종으로 뿌리셀러리 또는 덩이셀러리라고도 불린다.

이름 그대로 온전히 덩이뿌리 자체를 즐기기 위해 재배하는 채소이다.

셀러리악은 일반적으로 여성에게 유익하다 알려져 있는데,

풍부한 비타민 B6는 임신 초기의 심한 입덧 증상을 완화하고 월경 전 증후군을 예방하는 데에 도움을 준다.

땅콩에는 아연, 마그네슘, 인과 같은 미네랄이 많이 들어 있어 꾸준히 섭취하면 미네랄 결핍 증상을 막을 수 있다.

소금옷을 입혀 구운 셀러리악과 고소한 땅콩 딥

4인분 | 준비 15분 | 조리 50분~1시간

셀러리악 오븐 구이

셀러리악 작은 것　5개
(셀러리악은 뿌리 크기가 작을 수록 맛이 연하다)
붉은 속껍질을 까지 않은 생땅콩　140g
굵은소금　200g
물　350g
밀가루　400g
달걀노른자　1개 분량(선택 사항)

땅콩 딥

생땅콩　200g
달걀흰자　20g
파프리카 가루　5g
고춧가루　1꼬집
플뢰르 드 셀　8g
코코넛 밀크　200g
레몬즙　10g
소금
후추

담기&마무리

코리앤더 잎

셀러리악 오븐 구이

오븐을 160℃로 예열한다.
생땅콩은 붉은 속껍질을 깐 뒤 굵은소금, 물, 밀가루 함께 블렌더에 갈아 솔트 크러스트* 반죽을 만든다. 셀러리악은 껍질을 벗긴 뒤 솔트 크러스트 반죽으로 감싸 소금옷을 입힌다. 달걀물(노른자만)을 소금옷 위로 발라, 구웠을 때 껍질에 광택을 더할 수도 있다. 오븐에 넣어 40분~1시간 동안 구운 뒤 꺼낸다. 오븐은 끄지 말고 둔다.

* **솔트 크러스트**salt-crusts　서양요리에서 생선 따위를 익힐 때 소금에 달걀흰자 거품 낸 것을 섞어 모래 질감 비슷한 반죽을 만든 뒤 반죽으로 재료를 완전히 덮어 조리하는 방식을 말한다. 불과 직접 닫지 않는 밀폐 상태에서 고르고 천천히 조리되므로, 수분과 영양을 잃지 않으면서 부드러운 식감을 얻을 수 있다.

땅콩 딥

볼에 생땅콩, 달걀흰자, 파프리카 가루, 고춧가루, 플뢰르 드 셀을 넣어 잘 섞는다. 트레이에 유산지를 깔고 그 위로 반죽을 펼친다. 오븐에 넣고 황금색이 돌 때까지 10~15분 동안 굽는다.
오븐에서 꺼내어 땅콩 몇 개만 장식용으로 챙긴 뒤 나머지는 코코넛 밀크, 레몬즙과 함께 블렌더에 갈아 땅콩 딥을 완성한다. 필요하면 소금과 후추로 간한다.

담기 & 마무리

오븐에 구운 솔트 크러스트 셀러리악의 윗부분을 뚜껑처럼 잘라낸다. 편평하고 큰 접시에 담아내어 각자 먹을 만큼 덜어 가 즐길 수 있게 한다. 먹을 때는 소금옷 속에서 잘 익은 셀러리악을 1큰술 크게 떠 개인 접시에 담고 땅콩 딥 1큰술을 올린 뒤 성글게 부순 구운 땅콩과 코리앤더 잎을 뿌려 먹는다.

영양 정보

버섯은 참으로 특별하고 매력적인 식재료다.
웬만한 채소보다 단백질 함유량이 월등히 높은지라
채식 지향 식이요법에 없어서는 안 될 유용한 식재료로 자리 잡았다.
버섯에는 신경계 균형 유지를 위한 성분인 비타민 B군,
강력한 항산화 성분이자 갑상선 기능 조절에 필수 성분인 셀레늄 또한 풍부하다.

밤으로 속을 채운 그물버섯, 아티초크, 미니 호박 구이

준비 시간 20분 | 조리 시간 35분 | 6인분

미니 호박

미니 호박 6개
올리브 오일
소금
후추

호박 속을 채울 소

카뮈 아티초크* 100g
그물버섯* 200g
파슬리 1단
마늘 2쪽
호두 100g
삶은 밤 200g
양파 200g
올리브 오일
플뢰르 드 셀
후추

* **카뮈 아티초크**camus artichoke 프랑스 브르타뉴 지방에서 나는 아티초크. 올리브 그린 색깔에 송이가 크며 과육은 부드럽고 즙이 풍성하다.

* **그물버섯** 프랑스에서는 세프cepe로, 이탈리아에서는 포르치니porcini로 불리는 버섯.

미니 호박

오븐을 170℃로 예열한다. 호박은 꼭지 부분을 잘라 속을 파낸다. 호박 안쪽으로 올리브 오일을 약간씩 두른 뒤 소금과 후추를 1꼬집씩 뿌린다. 오븐에서 15분 동안 애벌구이한다.

호박 속을 채울 소

아티초크는 우선 30분 동안 찐 뒤에 손질한다. 겹겹의 잎을 떼어내고 안쪽의 섬모도 제거하고 말랑한 꽃받침 부분만 남긴다.

양파는 얇게 썰어 찬물에 씻고 그물버섯은 작은 큐브 모양으로 썬다. 파슬리와 마늘은 잘게 다진다. 호두는 굵게, 밤은 잘게 부수고 아티초크 꽃받침 부분은 작은 큐브 모양으로 썬다. 프라이팬에 올리브 오일을 두르고 양파를 넣어 약한 불로 10분 정도 볶는다. 양파가 녹진해지면 버섯을 넣고 마늘과 파슬리도 더한다. 불을 세게 하여 5분 동안 더 볶아낸다. 스테인리스 볼로 옮겨 담고 아티초크와 부순 밤, 호두를 넣어 섞는다. 입맛에 맞춰 소금과 후추로 간한다.

담기 & 마무리

속을 파내고 애벌구이해 놓은 호박에 소를 채운 뒤 잘라 둔 꼭지 부분을 뚜껑처럼 덮는다. 음식을 내가기 직전, 180℃ 오븐에 10분 더 구우면 완성.

제안

속을 채운 미니 호박 구이는 샐러드와 함께 먹어도 잘 어울린다. 이때 샐러드는 별다른 양념 할 것 없이 올리브 오일을 약간 두르고 만들어 둔 나만의 깨소금 양념(13쪽)을 1꼬집 뿌려 내는 것만으로도 충분하다.

<u>영양 정보</u>

근대는 비트와 같은 종의 식물로, 다양한 영양소를 갖추고 있지만 철분 함유량이 특히 높다. 보통 근대를 먹을 때 부드러운 초록 잎만 먹는 경우가 많은데 흰 줄기까지 함께 먹으면 다양한 비타민에 풍부한 식이섬유까지 누릴 수 있어 더욱 건강한 섭취법이 되겠다.

꿀 두유 소스가 들어간 근대 그라탱과 근대 잎 음료

10인분 | 준비 30분 | 조리 25분

근대

근대 3kg
올리브 오일 300ml

꿀 두유 소스

아르부지에 꿀* 90g
두유 25g
포도씨 오일 250ml

근대 잎 주스

레몬즙 100ml
올리브 오일 200ml

마무리

신선한 꽃가루(화분) 50g
밀랍이 들어 있는 꿀 10작은술
레몬즙
근대 어린잎

* **아르부지에 꿀**arbousier 지중해 지역에서 자라는 철쭉과의 소귀나무로, 딸기를 닮은 붉은 열매가 열려 스트로베리 나무라고도 불린다. 아르부지에 꿀은 진한 호박색에 강한 향과 쌉싸래한 맛이 나는데, 모든 이가 좋아하는 맛은 아닐 수 있으나 다크 초콜릿이나 싱글 몰트 위스키에 비유되면서 꿀 애호가와 미식가들에게 인정받고 있다. 다양한 건강 증진과 치료 효과를 지닌 꿀이다.

근대 즙

근대는 초록 잎 부분과 흰 줄기 부분을 분리해 다듬는다. 초록 잎에서는 억센 잎맥을 떼어내고 흰 줄기에서는 단단하고 두꺼운 겉섬유질을 벗긴다. 잎만 먼저 착즙기에 돌려 즙을 내는데, 이는 차갑게 보관했다가 음료를 만들 때 사용한다. 흰 줄기를 다듬으며 나온 자투리와 떼어낸 잎맥은 착즙기로 즙을 내어 근대를 익힐 때 사용한다.

꿀 얼음

마무리용으로 준비한 밀랍이 든 꿀을 큼직한 덩이로 나눠 냉동실에서 얼려 꿀 얼음을 만든다.

근대 잎 주스

레몬즙, 올리브 오일과 근대 즙 500ml를 잘 섞어 냉장실에 둔다.

꿀 두유 소스

볼에 꿀과 두유를 섞는다. 포도씨 오일을 넣은 뒤 거품기로 잘 휘저어 마요네즈 질감의 소스를 얻는다.

근대 줄기

오븐은 190℃로 예열해 둔다. 내열 그라탱 접시를 불에 올리고 올리브 오일을 뿌린 뒤 근대 줄기를 넣어 볶는다. 도중에 근대 자투리로 낸 즙을 부어 접시에 진득하게 눌은 것을 녹인 뒤 근대가 녹진하게 익을 때까지 좀 더 익힌다.

요리붓에 꿀 두유 소스를 묻혀 근대 줄기에 넉넉히 바른 뒤 오븐에 넣어 먹음직스런 색이 나도록 10분 정도 굽는다. 마지막 3분 남았을 때 오븐을 열어 그라탱을 접시에 고루 펼친 뒤 마저 익힌다.

담기 & 마무리

오븐에서 꺼낸 그라탱에 꽃가루를 뿌리고 어린잎을 올린다. 차갑게 둔 근대 잎 주스에는 꿀 얼음을 넣고 레몬즙을 살짝 뿌려 뜨끈한 근대 그라탱과 함께 낸다.

영양 정보

치아 씨드는 아주 작은 씨앗으로, 자신 무게의 10배에 달하는 점액질을 지니고 있다가

물을 만났을 때 끈끈한 젤 형태로 배출하는 특성이 있다.

오메가3와 식이섬유가 풍부하며 질 좋은 식물성 단백질도 함유하고 있다.

괭이밥oxalis 잎에 대한 연구는 많이 이뤄진 편은 아니나

비타민 C와 베타카로틴이 풍부하며 특유의 신맛이 소화를 돕는다고 알려져 있다.

헴프 씨드를 갈아 넣은 치아 씨드 푸딩과 과일 샐러드

6인분 | 준비 30분 | 조리 20분 | 휴지 1시간

헴프 씨드 주스

헴프 씨드 100g
회색 소금 1꼬집
바닐라빈 씨 긁은 것 1/2개 분량(선택 사항)
천연 감미료(꿀이나 대추야자 따위) 2작은술(선택 사항)

푸딩

치아 씨드 5큰술(50g)
아카시아 꿀 1큰술
바나나 2개
소금

차이 캐러멜 크림

계피 막대(또는 계핏가루 1작은술) 2개
스타아니스(팔각) 3개
통후추 간 것 2꼬집
생강 편 3cm 토막 분량
아카시아 꿀(또는 아가베나 메이플 시럽) 3큰술

생과일과 괭이밥 샐러드

블루베리(또는 레드커런트) 120g
배(서양 배) 1/2개
레몬즙 1개 분량
신선한 괭이밥 잎(또는 민트, 바질, 시소 등의 허브 잎)

헴프 씨드 주스

성능 좋은 블렌더에 헴프 씨드 주스용 모든 재료를 물 500ml와 함께 넣고 최소 1분 이상 간다.

참고

좀 더 곱고 균질한 농도를 원한다면
블렌더에 간 주스를 체나 거즈에 한 번 거르자.
헴프 씨드 주스 대신 자신이 원하는
채소 음료가 있다면 대체해도 좋다.

푸딩

블렌더에 헴프 씨드 주스 500ml, 꿀, 바나나, 소금을 넣고 간다.
믹싱 볼로 옮긴 뒤 치아 씨드를 넣고 거즈로 볼 위를 덮어 준다. 최소 1시간 이상 실온에 두어 치아 씨드가 부풀어 오르면 냉장실로 옮겨 보관한다.

차이 캐러멜 크림

작은 냄비에 차이 캐러멜 크림용 모든 재료를 넣고 약한 불에 올려 20분 정도 데우면서 맛과 향이 잘 우러나게 한다. 그 뒤 우르르 한 번 끓어오르게 한 뒤 헴프 씨드 주스 3큰술을 넣고 잘 섞어 체에 거른다.

생과일과 괭이밥 샐러드

블루베리나 레드커런트는 씻어 반 가르고 배는 껍질을 벗겨 작은 큐브 모양으로 썬다. 믹싱 볼로 모두 옮겨 담고 레몬즙을 뿌린 뒤 괭이밥 잎을 더한다.

담기 & 마무리

작은 볼에 담아 내는데, 먼저 치아 씨드 푸딩을 담는다. 푸딩의 반이 덮이도록 과일 괭이밥 샐러드를 한쪽으로 몰아 담고 차이 캐러멜 크림을 뿌려 완성한다.

영양 정보

중간사슬지방산*은 신체에 흡수되자마자 바로 연소하여 에너지를 만들어 내므로,
우리 몸 중 특히 뇌와 심장과 근육이 곧바로 사용 가능한 좋은 에너지원이라고 할 수 있다.
코코넛에는 중간사슬지방산이 풍부해 뇌에 영양을 공급하여 뇌를 보호하고 노화를 방지한다.

* **중간사슬지방산**medium chain fatty 상온에서는 액체 상태를 유지하고 물에 일부 용해되는 성질을 지녔으며, 소화 흡수 시에 담즙산이나 췌장 효소의 작용 없이도 간으로 바로 운반되므로, 간이나 췌장 기능에 장애가 있을 때 섭취하면 좋은 에너지원이 된다.

누드 케이크

샹티이 크림을 올린 배, 코코넛 제누아즈에 카르다몸을 넣은

15~18인분 | 준비 1시간 | 조리 2시간 | 휴지 1~2시간

배 캐러멜라이징

코코넛 오일 30g
단단한 배(서양 배) 7개

제누아즈

쌀가루 370g
메밀가루 380g
타피오카 전분(또는 옥수수 전분) 375g
베이킹 소다 50g
비정제 설탕 900g
카르다몸 파우더 4g
물 750ml
아몬드 크림 375g
유기농 시드르 비니거(사과주 식초) 10큰술
아쿠아파바* 375ml
(병아리콩 삶은 물을 양이 반이 되게 졸인 것 또는 병아리콩 통조림에 들어 있는 물)

코코넛 샹티이 크림

지방 함량 최소 35% 이상의 코코넛 크림 1L
(하룻밤 차갑게 둔 것*)
황설탕 100g

• 아쿠아파바aquafaba 콩을 삶아 낸 점성 있는 물로, 요리에서 달걀흰자의 대체재로 사용되는 경우가 많다.

• 코코넛 크림은 미리 차갑게 해두어야 최상의 코코넛 휘핑 크림을 얻을 수 있다.

배 캐러멜라이징

배는 껍질을 벗기고 4등분 한 뒤 그 모양을 살려 5mm 정도의 두께로 편 썬다.
큰 프라이팬에 코코넛 오일을 넣고 달군 뒤 배를 넣어 애벌구이한다. 색이 나며 살짝 캐러멜라이즈 되는 정도로만 재빨리 구워낸다. 한 번에 다 구워낼 만큼의 큰 프라이팬이 없다면 작은 프라이팬으로 애벌구이 과정을 몇 차례 나눠 반복한다.

제누아즈

오븐을 180℃로 예열한다. 큰 믹싱 볼에 마른 재료 모두 즉, 쌀가루, 메밀가루, 전분, 베이킹 소다, 설탕, 카르다몸 파우더를 넣는다. 거기에 물과 아몬드 크림, 시드르 비니거를 더해 잘 섞는다.
아쿠아파바를 제과용 반죽기 전용 볼에 부은 뒤 반죽기를 돌려 아주 단단하게 거품을 올린다. 이 과정에 시간이 좀 걸릴 것이다. 마른 재료와 액체 재료를 섞어둔 것에 아쿠아파바 거품을 여러 번에 나누어 넣으면서 살살 섞어 준다. 이렇게 하면 제누아즈 반죽 완성.
지름 25cm의 원형 무스링 3개를 준비한다.
먼저 3개의 링 안쪽 면에 기름을 바른다. 첫 번째 무스링 안쪽으로 캐러멜라이징한 배 조각을 빙 둘러 배열하는데, 살짝씩 겹쳐가며 꽃모양을 만든다. 배를 깐 이 바닥층이 완성 케이크의 가장 윗면이 될 것이다. 이제 각각의 링에 제누아즈 반죽을 채우는데, 배를 깐 무스링에는 1/5 높이 만큼만, 두 번째 링에는 2/5만큼, 세 번째 링도 2/5 높이만큼 채운다.
제누아즈를 오븐에 넣어 굽는다. 두께가 더 두꺼운 제누아즈 2판은 30분 정도, 배 위로 채운 얇은 제누아즈는 20분 정도 굽는다. 꺼내어 잘 식힌 뒤 서늘한 곳에 1~2시간 둔다.

코코넛 샹티이 크림

하룻밤 냉장실에 차갑게 둔 코코넛 크림을 꺼내어 크림 부분만 걷어 낸다(낮은 온도에서는 크림이 반고체 상태로 굳으면서 코코넛 크림은 위로 떠오르고 코코넛 워터는 아래로 모여 층이 분리된다).
제과용 반죽기를 준비하는데 전용 볼은 미리 냉장고에 넣어 차갑게 해 두어야 한다. 차가운 전용 볼에 차가운 코코넛 크림을 옮겨 담고 거품기를 돌려 무스 질감을 얻는다. 오리지널 샹티이 크림을 만들 때처럼, 설탕을 조금씩 더해 가며 마저 돌려 쫀쫀한 질감의 크림을 만든다. 짤주머니로 옮겨 담고 냉장실에 보관한다.

제안

코코넛 크림을 걷어내고 남은 코코넛 워터는 다른 요리에 사용해도 좋고 라임즙과 바질 잎을 섞어 음료로 마셔도 좋다.

담기 & 마무리

식힌 제누아즈 중 두꺼운 판 2개를 각각 가로로 2등분 하여 4개의 원판을 얻는다. 그중 하나를 바닥에 놓고 캐러멜라이징한 배 남은 것 중 1/4분량을 올리고 그 위로 코코넛 샹티이 크림 중 1/4 분량을 바른다. 제누아즈 가장자리에 크림이 지저분하게 묻지 않도록 깔끔히 바르는 것이 중요하다. 남은 제누아즈 3개에 이 과정을 반복한다. 마지막에 배를 깐 제누아즈를 올리는데, 꽃모양 배 쪽이 케이크의 윗면이 되도록 올린다.
마무리 장식을 하고 곧바로 케이크를 낸다. 바로 먹지 않을 거라면 이 상태로 냉장실에 보관한다.

영양 정보

옥수수가 면역체계를 강화하는 비타민 A가 풍부하며 눈에도 유익하다는 사실을 아는지!
옥수수에는 망막을 보호하고 황반변성을 예방하는
제아잔틴과 루테인(카로티노이드계 항산화 성분)이 풍부해 눈 건강에 도움을 준다.

옥수수 크림과 샐러드, 캐러멜 팝콘 사과 구이와

4인분 | 조리 1시간 | 준비 40~50분

옥수수 크림

신선한 옥수수　2개
우유　250g
액상 생크림　100g

곁들이는 사과 구이

사과 단단하고 작은 것　4개
설탕 없이 만든 팝콘　50g
버터　40g
꿀　15g

캐러멜 입힌 팝콘

팝콘　40g
꿀　60g

옥수수 샐러드

신선한 옥수수　1개
팝콘　1줌
피멍 데스플레트　1꼬집
라임즙과 제스트　1개 분량
올리브 오일

옥수수 크림

칼을 이용해 옥수수 낟알을 대에서 분리한다. 써머믹스나 블렌더에 옥수수 낟알과 우유를 넣고 5분 동안 갈아 체에 거른다. 냄비에 옮겨 담고 생크림을 부어 뻑뻑해질 때까지 끓인다. 다시 한 번 간 뒤 크림 표면 전체에 랩이 닿도록 덮어 냉장실에 보관한다.

곁들이는 사과 구이

오븐을 160℃로 예열해 둔다. 사과는 껍질을 벗긴다. 깊이 있는 팬에 버터와 꿀을 녹인 뒤 사과를 통으로 넣어 굽는데, 숟가락으로 꿀 녹은 버터물을 사과 위로 계속 부어 가면서 5~8분 동안 굽는다.

스튜 냄비를 준비해 바닥에 팝콘을 깔고 그 위로 구운 사과를 올린다.

냄비 뚜껑을 덮어 오븐에 넣고 25~30분 동안 익힌다.

캐러멜 묻힌 팝콘

꿀을 졸여 캐러멜을 만든다. 갈색이 돌면 미지근한 물을 약간 넣어 농도를 묽게 만든다. 1분 정도 더 졸인 뒤 팝콘을 넣고 잘 뒤적여 캐러멜을 고루 묻힌다. 그릇에 옮겨 둔다.

옥수수 샐러드

옥수수 대에서 낟알을 떼어낸 뒤 나머지 재료 모두와 섞어 샐러드를 완성한다.

담기

옥수수 크림, 사과 구이, 캐러멜 팝콘, 샐러드를 각각 따로 담아내어 먹는 이가 덜어 먹게 한다.

영양 정보

아보카도에는 단일 불포화지방산은 물론
항산화제인 프로안토시아니딘과 식물 스테롤이 풍부하다.
이들 삼총사는 체내에서 '좋은' 콜레스테롤의 생성을 유도하고
심혈관 계통의 건강을 지키는 역할을 수행한다.
그러니 심장을 지키고 싶다면 아보카도와 친해지도록!

키위 아보카도 처트니와 샐러드

4인분 | 준비 15분 | 조리 5분

키위 아보카도 처트니

잘 익은 키위 2개
잘 익은 아보카도 1/2개
레몬즙 15g

레몬밤 비네그레트 소스

라임즙과 제스트 1/2개 분량
꿀 15g
올리브 오일 40g
레몬밤 다진 것 2잎 분량
피멍 데스플레트

곁들이는 키위와 아보카도

잘 익은 키위 2개
단단한 아보카도 1개

키위 아보카도 처트니

키위는 껍질을 벗겨 포크로 눌러 으깬다. 으깬 아보카도 과육을 더한 뒤 레몬즙을 뿌려 잘 섞는다.

레몬밤 비네그레트 소스

라임 제스트와 즙, 꿀, 레몬밤, 피멍 데스플레트 1꼬집을 섞는다. 올리브 오일을 넣고 잘 저어 비네그레트 소스를 완성한다.

곁들이는 키위와 아보카도

키위는 껍질을 벗겨 크게 토막 낸 뒤 레몬밤 비네그레트 소스로 버무린다.
아보카도는 단단한 것으로 골라 4등분 한다. 뜨겁게 달군 그릴 팬에 그릴 자국을 내며 몇 분간 굽는다. 비네그레트 소스를 겉면에 발라 둔다.

담기 & 마무리

개인 볼에 담아 낸다. 먼저 초록빛 처트니를 넉넉하게 담고 그 위로 구운 아보카도 1~2쪽을 놓고 레몬밤 비네그레트 소스에 절인 키위를 한술 푸짐하게 올리면 완성.

겨울

영양 정보

우리나라에서는 돼지감자 또는 뚱딴지라는 이름으로 불리는 예루살렘 아티초크.

이를 꼭 빼닮은 엘리앙티héliantis라는 덩이줄기과 뿌리채소가 있다. 돼지감자의 사촌격이라고나 할까.

널리 재배되지 않아 오늘날 점점 잊혀 가는 채소 중 하나이지만

겨울철 면역 체계를 강화시키는 다양한 영양 성분과 비타민을 갖추고 있으며

천연 프리바이오틱스 성분이 이로운 박테리아의 생장을 도와 장내 환경을 개선시켜 준다.

엘리앙티와 흑마늘로 만든 블랙 퓌레

250~300g 완성량 | 준비 20분 | 조리 35~40분

엘리앙티 1kg
(익힌 돼지감자 290g으로 대체 가능)
흑마늘* 15g
스타아니스(팔각, 가능한 신선한 것으로) 1개
타라곤 잎
소금
후추

* **흑마늘** 60~80℃ 온도에서 일정한 습도를 유지하며 2~3주 동안 익혀 색이 검게 변한 마늘. 숙성과 발효를 거치며 쫀득하고 녹진한 질감과 시큼한 단맛이 생기며, 생마늘에 비해 월등한 항산화력을 지니는 것이 특징이다.

오븐을 180℃로 예열한다.

엘리앙티는 깨끗이 씻어 유산지를 깐 트레이 위에 펼친 뒤 오븐에서 25~30분 동안 구워낸다.

구운 엘리앙티는 반으로 가르고 살만 파내어 290g을 맞춘다. 체에 한 번 내린다.

흑마늘은 껍질을 벗겨 엘리앙티와 섞은 뒤 포크로 으깨 퓌레 상태로 만든다.

냄비에 퓌레를 옮겨 담고 약한 불에 잠깐 올려 물기를 날려 준다. 불에서 내려 간을 맞춘 뒤 스타아니스를 마이크로플레인* 강판에 갈아 섞는다.

밀폐 유리병에 담아 서늘한 곳이나 냉장실에 두고 먹는다. 1주일에서 최대 2주일 정도 보관이 가능하다. 바싹 구운 빵 위에 발라 먹는 식으로 응용하면 좋은데, 향기로운 타라곤 잎을 곁들이면 맛이 잘 어울린다.

* **마이크로플레인**Microplane 특허 에칭 처리로 날카로운 칼날을 오래 유지하는 세계적인 강판 브랜드.

영양 정보

샐서피* 뿌리에는 소화액과 소화효소에 의해 분해되지 않는 다당류인 이눌린이 풍부해 장내 미생물에게 좋은 먹이를 제공하는 프리바이오틱스로 작용한다. 이번 요리법은 소화에 도움을 주는 음식으로, 다양한 비타민과 미네랄, 식이섬유 가득한 샐서피 그리고 장내 가스 배출을 돕는 코리앤더 씨드를 재료로 택했다.

*
샐서피salsify 서양 우엉이라 불리며 화이트 아스파라거스와 비슷한 맛과 식감이 특징이다.

뿌리채소 피클

1L짜리 1병 | 준비 10분 | 조리 10분 | 숙성 3일

샐서피 500g
화이트 비니거 300ml
코리앤더 씨드 10g
흰 통후추 10g
말린 펜넬 줄기 3개

샐서피는 껍질을 벗겨 손질한다. 껍질 150g은 남겨 둔다.

냄비에 샐서피 껍질과 물 100g을 넣어 끓인다. 팔팔 끓으면 화이트 비니거를 붓고 다시 한번 끓어오르기를 기다렸다가 불을 끈다.

껍질 벗겨 둔 샐서피는 깨끗이 씻은 뒤 슬라이서로 뿌리 모양을 살려 동그랗고 얇게 편 썬다.

저장용 유리병에 편 썬 샐서피, 코리앤더 씨드, 후추, 말린 펜넬 줄기를 담는다.

한김 식힌 절임물 100ml를 병에 붓는다. 뚜껑을 닫아 냉장실이나 서늘한 곳에서 최소 3일 이상 두었다가 먹는다. 1달 정도 보관이 가능하다.

응용

샐서피 대신 좋아하는 뿌리채소로
피클을 만들어도 좋다.

영양 정보

특유의 향미가 매력적인 헤이즐넛.

헤이즐넛은 우리 몸이 '나쁜 콜레스테롤'을 생성하는 것을 억제해주는 믿음직한 견과류이다.

단일불포화지방산과 항산화 성분도 풍부하니, 헤이즐넛으로 스프레드를 만들어 먹는다면

그나마 죄책감을 조금은 덜며 즐길 수 있겠다. 아무리 그래도 과식은 금물이지만 말이다.

꽈리는 생김새 덕분에 별명이 여럿인데, 프랑스에서 불리는 아무르 앙 까주amour en cage

(새장에 갇힌 하트라는 뜻)라는 별명에 가장 호감이 간다.

꽈리에는 항산화 성분과 비타민 C가 가득해 우리 몸이 산화 스트레스를 이겨내게끔 도와준다.

또한 생이든 말린 것이든 이뇨 작용이 있어 몸을 무리하게 사용했을 때

체내에 생성되는 독소를 배출시켜 우리 몸의 산화를 막아 준다.

헤이즐넛 코코아 스프레드

1병 | 준비 20분 | 조리 10분

헤이즐넛　150g
다크 초콜릿　75g
코코넛 오일　20g
아가베 시럽　70g
비터 코코아 파우더　15g
헤이즐넛 밀크　150ml
(아몬드 밀크처럼 우유를 넣지 않고 헤이즐넛만으로 만든 음료)
플뢰르 드 셀　2꼬집

오븐을 200℃로 예열한다. 트레이에 헤이즐넛을 펼쳐 오븐에 넣고 10분 동안 굽는다.
다크 초콜릿은 코코넛 오일과 섞어 중탕으로 부드럽게 녹인다.
구운 헤이즐넛은 열기를 식혀 두 손바닥 사이에 놓고 비벼서 껍질을 벗긴다. 블렌더에 넣고 최대한 매끈한 상태로 간다.
아가베 시럽, 녹인 초콜릿, 코코아 파우더, 헤이즐넛 밀크, 소금을 더한 뒤 다시 한번 블렌더를 돌려 곱고 균질한 느낌의 스프레드를 완성한다.
스프레드를 잼 병에 옮겨 담는다. 서늘한 곳에 보관하면 1주일 정도 두고 먹을 수 있다.

꽈리 커드

1병 | 준비 30분 | 조리 5분 | 휴지 30분

버터(또는 코코넛 오일)　120g
말린 꽈리(또는 생꽈리 160g)　250g
굵은소금　2꼬집

스테인리스 볼에 말린 꽈리를 담고 끓는 물을 넉넉히 붓는다. 최소 20분 이상 불린 뒤(하룻밤 둘 수 있으면 가장 좋다) 물기를 뺀다.
작은 냄비에 버터를 넣고 아주 약한 불에서 서서히 녹인다. 불에서 내려 몇 분간 그대로 둔다.
믹싱 볼에 물기 뺀 꽈리와 녹인 버터(또는 코코넛 오일), 소금을 넣고 핸드 블렌더를 이용하여 균질한 크림 상태가 되도록 간다. 체에 한 번 걸러 씨를 건져 내면 꽈리 커드 완성.
소독해 둔 잼 병에 옮겨 담는다. 서늘한 곳에 보관하면 15일까지는 두고 먹을 수 있다.

활용

체에 거른 꽈리 씨를 버리지 말고 모아
면포 위에 얇게 펼쳐 40°C에서
12시간 정도 말리면 꽈리 튀일이 된다.

영양 정보

요오드가 풍부한 이번 요리는 갑상선의 기능을 북돋아 쉬이 피곤을 느끼는 몸에 활기를 주는 처방이 될 것이다.

채소 캐비어

준비 시간 30분 | 조리 시간 25분 | 휴지 45분 | 4인분

채소 캐비어

타피오카 펄(아주 작은 크기, 또는 치아 씨드)　50g
해조류 플레이크(또는 김가루)　3큰술
진간장　3큰술(20g)
레몬즙　1개 분량
매실 식초　1큰술(선택 사항)
참기름(다른 기름으로 대체 가능)　1작은술

렌틸콩 크림과 렌틸콩

초록 렌틸콩　200g
올리브 오일
물(또는 채수)　500ml
레몬즙　1개 분량
소금
후추

구운 김을 넣은 메밀 갈레트

메밀가루(또는 렌틸콩 가루)　60g
김　2장(2g)
물　200g
올리브 오일
굵은소금　1꼬집
통후추 간 것

채소 캐비어

냄비에 1.5L의 물을 끓인다. 끓어오르면 타피오카 펄, 해조류 플레이크 2큰술, 간장 1큰술을 넣는다.

타피오카가 중심부까지 완전히 익도록 약한 불에서 25분 정도 익힌다.

타피오카와 해조류를 건져 물기를 털고 찬물에 헹구는데, 해조류에 묻어난 점액을 과도하게 씻어낼 필요는 없다.

믹싱 볼로 옮겨 담고 남은 간장, 남은 해조류 플레이크, 레몬즙, 매실 식초, 참기름을 넣고 살살 섞는다(이렇게 해야 타피오카와 해조류가 서로 달라붙지 않는다). 뚜껑을 덮어 1시간 정도 절여지게 둔다.

렌틸콩 크림과 렌틸콩

냄비에 올리브 오일을 조금 두르고 렌틸콩을 넣어 수분이 나오도록 살짝 찌듯이 익힌 뒤 물(또는 채수)을 더한다. 간을 하여 35분간 더 끓인다.

렌틸콩의 물기를 빼고 콩 분량 중 반만 블렌더에 갈아 매끈한 퓌레를 만든다. 남은 반은 올리브 오일, 소금, 후추, 레몬즙에 비무려 둔다.

구운 김을 넣은 메밀 갈레트

마른 팬을 달궈 김을 굽는다. 1장씩 앞뒤로 뒤집어가며 1분씩 바짝 구워 남아 있는 습기가 없도록 한다. 분쇄기에 구운 김과 메밀가루를 넣고 곱게 간다.

볼에 메밀 김가루를 옮겨 담고 중앙에 홈을 만든다. 홈에 물을 조금씩 부어가면서 거품기로 쉬지 않고 저어 균질한 농도의 반죽을 만든다. 최소 30분 이상 휴지 시간을 가진 뒤, 기름 두른 뜨거운 팬에 갈레트를 구워 소금과 후추로 간을 한다.

담기 & 마무리

음식을 내가기 직전, 절여두었던 타피오카 펄(채소 캐비어)의 물기를 제거한다.

캐비어 병이 있다면 거기에, 아니면 바닥이 평평한 작은 원형 그릇을 골라 렌틸콩 크림을 바닥에 펴 바른다. 그 위로 버무린 렌틸콩을 한 층 깔고 채소 캐비어를 올려 꼼꼼히 덮는다. 윗면을 밀끔하고 고르게 다듬는다.

어여쁜 쟁반 위에 캐비어 그릇을 올리고 캐비어를 떠먹을 작은 스푼과 김을 넣은 메밀 갈레트를 함께 낸다.

활용

캐비어의 색을 좀 더 진하게 내고 싶다면 활성탄 가루 1/2작은술을 더하면 된다. 활성탄은 유기농 식품점에서 구할 수 있다.

영양 정보

한련화의 잎에서는 알싸한 후추 향이 감돈다.

칼로리가 매우 낮은 돼지감자에는 이눌린과 철분이 풍부하다.

돼지감자 카르다몸 크림을 곁들인 돼지감자 카르파치오

4인분 | 준비 50분 | 조리 25분 | 휴지 시간 하룻밤

돼지감자 크림

돼지감자　400g
레몬즙　1/2개 분량
코코넛 오일　2큰술
카르다몸 파우더　1작은술
라임 제스트　1개 분량
비정제 플뢰르 드 셀　1작은술

구운 귤

귤　2개(제스트, 과육 조각, 즙 모두 사용)
올리브 오일
레몬즙　1개 분량(선택 사항)

돼지감자 카르파치오

돼지감자　180g
신선한 코리앤더　2줄기
검은 카르다몸*　1개

마무리

한련화 잎
(장식용. 다른 초록색 허브 잎으로 대체 가능)

* **검은 카르다몸** 벵골 카르다몸 혹은 인도 카르다몸이라고도 불리는, 진한 갈색에서 검은색이 도는 카르다몸. 녹색 카르다몸처럼 향신료로 쓰이지만 맛과 용도에서 차이를 보인다. 검은 카르다몸은 꼬투리 채로 불 위에서 말리기 때문에 스모키한 향기와 아로마를 지니는데, 녹색 카르다몸보다는 향이 연하며 민트처럼 화한 향기와 송진 향을 낸다. 달콤한 요리에는 거의 사용되지 않으며 고기 스튜나 카레처럼 뭉근히 끓여 깊은 맛을 내는 요리에 주로 쓰인다.

돼지감자 크림

돼지감자는 껍질을 벗겨 토막 낸다. 레몬즙을 넣은 물에 곧바로 담가 갈변을 막는다.
2L의 물을 끓인다. 껍질 벗긴 돼지감자를 끓는 물에 넣어 10~15분간 삶는다. 칼끝이 쉽게 들어갈 정도로 물러지면 다 삶아진 것이다.
핸드 블렌더나 블렌더를 이용, 물기를 제거한 뜨거운 돼지감자와 코코넛 오일을 고루 섞으며 갈아 준다.
카르다몸 파우더, 소금을 기호에 맞게 더한 뒤 라임 제스트를 뿌린다.

구운 귤

먼저 귤 1개의 껍질을 강판에 갈아 제스트를 얻는다.
귤 2개 모두 각각 8등분 한다.
코팅 프라이팬을 아무것도 두르지 않고 달군 뒤, 귤 16조각 중 12조각을 넣어 표면이 캐러멜라이즈 될 때까지 굽는다.
남은 귤 4조각은 즙을 내어 올리브 오일을 조금 뿌리고, 만약 귤이 너무 달다면 약간의 레몬즙을 더해 귤 비네그레트 소스를 만든다.

돼지감자 카르파치오

오븐을 180℃로 예열한다. 칼로 돼지감자 껍질을 벗긴다. 껍질은 내열 접시에 담아 오븐에 넣고 칩처럼 바삭해질 때까지 굽는다.
돼지감자는 슬라이서로 아주 얇게 편 써는데, 곧바로 얼음물에 담가 아삭함을 유지시킨다. 물기를 빼고 잘 말린 뒤 믹싱 볼로 옮겨 담는다.
여기에 귤 비네그레트 소스, 신선한 코리앤더 다진 것, 검은 카르다몸을 강판에 간 것, 귤 제스트, 돼지감자 껍질 칩을 더해 살살 섞는다. 기호에 맞게 간을 조절한다.

담기 & 마무리

볼에 돼지감자 크림 1큰술을 반달 모양으로 펼쳐 담는다. 크림은 기호에 따라 따뜻하거나 차게 준비한다. 반달 크림 위로 구운 귤 조각을 올리고 돼지감자 카르파치오와 한련화 잎을 얹어 마무리한다.

영양 정보

감자는 알칼리성 식품으로, 산성화되기 쉬운 우리 몸이 pH 균형을 잡을 수 있게 돕는다.

제안

겨울철 몸의 피로와 호흡기 질환을 이겨 내게 해주는 허브가 바로 타임이다.
이번 감자 스튜 레시피처럼 겨울철 요리에 더한 신선한 타임 몇 줄기는
음식의 맛과 향을 훨씬 생동감 있고 풍성하게 만들어 줄 것이다.

레드 와인 소스로 졸인 감자 스튜와 뿔나팔버섯 타프나드

4인분 | 준비 1시간 | 조리 1시간 20분 | 휴지 하룻밤

마리네이드 소스

레드 와인 1L
당근 1개
양파 1/2개
불에 그을린 마늘 2쪽
검은 통후추 10알
주니퍼 베리(노간주나무 열매) 4알
월계수 잎 1개
타임 1줄기

감자

감자 큰 것 3개
알감자 20개
코코넛 버터 50g

버섯 타프나드*(페이스트)

뿔나팔버섯* 250g
구운 잣 25g
말린 로즈메리 1줄기
마늘 콩피 40g
코코넛 오일 15g
검은 송로버섯 간 것 25g
(통조림이나 냉동 버섯 사용. 선택 사항)
올리브 오일

담기 & 마무리

검은 송로버섯 통째(선택 사항)
송로버섯을 넣은 아몬드 요거트(46쪽)

* **타프나드**tapenade 블랙 올리브, 케이퍼, 안초비, 올리브유를 함께 갈아서 만든 일종의 페이스트paste로 프랑스 프로방스 지역의 요리로 알려져 있다. 구운 빵, 크래커 등에 발라 먹거나 채소를 찍어 먹는 딥, 육류나 생선 요리에 향을 더하는 용으로도 쓰인다.

* **뿔나팔버섯**trompettes de-la-mort craterelle, horn of plenty라고도 불린다. 떡갈나무나 너도밤나무 아래에 나팔 모양으로 여러 개가 함께 자라나는데, 아연 함유량이 많아 짙은 검은빛을 띤다.

마리네이드 감자

하루 전날, 모든 재료를 잘 섞어 마리네이드 소스를 만들어 둔다.
큰 감자는 씻어 큐브 모양으로 썬다. 밀폐 용기에 감자를 담고 만들어 둔 마리네이드 소스를 붓고 뚜껑을 닫는다. 중탕 준비를 한 뒤 밀폐 용기째 물에 담가 물이 가볍게 끓어오르는 정도를 유지하며 40분 동안 중탕한다. 용기를 꺼내서 식혀 실온에 하룻밤 둔다.

감자 익히기

알감자는 반을 갈라 준비한다. 큰 감자를 절여두었던 밀폐 용기에서 마리네이드 소스만 걸러낸다.
반으로 썬 알감자를 스튜 냄비에 담고 코코넛 버터를 넣어 5분간 굽는다. 걸러 둔 마리네이드 소스를 알감자가 잠길 만큼 자작하게 부은 뒤 소스가 감자에 잘 스미도록 뚜껑을 덮고 약한 불에서 25~30분 정도 졸인다.

버섯 타프나드

오븐을 140℃로 예열한다. 오븐 트레이에 잣을 펼치고 15~20분간 구워 식힌다. 잣을 굽는 동안 말린 로즈메리 줄기를 아무 것도 두르지 않는 프라이팬에 줄기째 넣어 몇 분간 그을린다.
뿔나팔버섯은 씻어서 마늘 콩피와 함께 팬에 넣고 코코넛 오일을 둘러 몇 분 볶는다. 송로버섯을 넣을 거라면 이때 넣고 4~5분 더 익히면 된다. 익힌 버섯 전부와 구운 잣, 마늘 콩피, 그을린 로즈메리를 블렌더에 넣고 올리브 오일을 조금씩 더해 가며 고루 갈아 균질한 농도의 타프나드를 완성한다.

활용

타프나드는 며칠간 보관이 가능해
미리 만들어두어도 된다.
미리 만들어 냉장실에 두고
토스트 등 원하는 요리에 활용하면 편리하다.

담기 & 마무리

스튜 냄비 속 마리네이드 소스가 충분히 졸아들고 알감자가 3/4 정도 익어갈 즈음, 버섯 타프나드 1큰술을 더해 잘 섞어 준다.
냄비 채로 식탁에 내어 뜨끈하게 즐길 수 있게 한다. 필러를 이용해 검은 송로버섯을 대패밥처럼 얇게 저며 올리거나 송로버섯을 넣은 아몬드 요거트를 곁들여도 잘 어울린다.

영양 정보

옻은 지난 수 세기를 거치며 전염으로 인한 증상, 특히나 인후 쪽 전염을 완화하는 데에 사용되어 왔다. 옻과 석류, 비트로 만든 이번 찜 요리에는 짙은 붉은 빛깔만큼 항산화 성분이 풍부하다.

옻 가루를 넣은 석류 비네그레트와 석류 비트 찜

10인분 | 준비 1시간 10분 | 조리 4~6시간 + 1시간 10분 | 휴지 30분

석류와 비트찜

석류　4개
비트　4개
올리브 오일
밀봉용 반죽*

옻 가루를 넣은 석류 비네그레트 소스

와인 비니거　50ml
옻 가루　1꼬집
올리브 오일　50ml
석류알
후추

담기 & 마무리

아마란스와 치아 씨드를 넣은 비트 절임(84쪽)

* **밀봉용 반죽**　물과 밀가루를 반죽한 것으로, 막대 모양으로 길게 빚어 용기 사이를 밀봉할 때 사용한다. 이렇게 조리하면 음식을 밀폐 상태로 천천히 익힐 수 있다.

석류와 비트 찜

오븐을 180℃로 예열한다.
숟가락으로 석류 껍질에서 석류알을 떼어 낸다. 떼면서 생긴 부스러기도 버리지 말고 둔다. 스튜 냄비 바닥에 석류알의 1/3분량과 부스러기를 깐다. 비트는 씻어 껍질을 벗겨 내고 올리브 오일을 발라 윤기를 낸 뒤 스튜 냄비 속 석류알 위로 올리는데, 이때 비트 잎과 껍질도 함께 넣는다.
스튜 냄비의 뚜껑을 덮고 밀봉용 반죽으로 뚜껑과 몸체 사이를 꼼꼼히 눌러 붙인다. 오븐에 넣어 4~6시간 동안 익힌다. 비트 과육이 뭉그러지기 시작하면 충분히 익은 것이다.

옻 가루를 넣은 석류 비네그레트 소스

찜이 오븐에서 익어가는 동안 남겨 둔 석류알을 핸드 블렌더를 이용해 간 뒤 체나 면포에 한 번 걸러 맑은 즙만 얻는다.
냄비에 석류즙을 붓고 약한 불에 올려 반으로 졸인다. 식힌 뒤 레드 와인 비니거와 옻 가루, 올리브 오일, 후추를 넣고 섞어 비네그레트 소스를 만든다. 석류알은 비네그레트 소스에 미리 섞어 두지 말고, 음식을 내기 직전에 더하도록.

담기 & 마무리

오븐 속 찜이 잘 익었으면 꺼내서 8등분 한다. 편평한 접시보다는 오목하게 패인 접시를 준비한다. 먼저 아마란스와 치아 씨드를 넣은 비트 절임을 한술을 넉넉히 담고 그 위로 따뜻한 비트 찜 2~3개 조각을 올린다. 비네그레트 소스에 석류알을 섞어 보기 좋게 쌓아 올려 마무리한다.

영양 정보

포니오fonio는 조를 닮은 작은 곡물로

글루텐 프리에 고른 영양을 갖춰 퀴노아를 잇는 완전 곡물로 통한다.

특히 아미노산을 비롯한 마그네슘, 칼슘, 망간, 아연 따위의 미네랄이 풍부하다.

포니오는 다양한 방식으로 조리가 가능해

아프리카에서는 '포니오를 써서 실패하는 요리사는 없다'는 속담이 있을 정도다.

그러니 낯선 곡물이라고 지레 겁먹지 말고 파스타의 재료인

세몰리나(듀럼 밀을 갈아 보통 밀가루보다 좀 더 거칠고 노랗다)를 사용하듯 여러 요리에 적용해보자.

포니오와 함께 즐기는 향신료를 넣은 미네스트로네

5인분 | 조리 시간 1시간 | 준비 시간 20분

향신 채수

황금색 둥근 무* 중간 크기　2개
파스닙* 큰 것 1개 또는 작은 것　2개
양파　2개
카르다몸　2개
계피 막대　2개
스타아니스　2개
신선한 생강　30g
굵은소금　1큰술

채소

청경채　2포기
쪽파　2줄기
양배추　1/4통
코리앤더　1/4단
포니오　150g
물　450g
굵은소금

* **미네스트로네**minestrone　쌀이나 파스타를 넣어 끓인 이탈리아식 채소 수프.

* **황금색 둥근 무**navet boules d'or 한때 잊혔던 옛 채소로 최근 다시금 시장에 등장해 주목받고 있다. 연한 당근색에 둥근 모양으로, 흰 무나 당근보다 부드러운 맛이 난다.

* **파스닙**parsnip은 당근과 비슷하게 생겼지만 색이 더 하얗고 익혔을 때 더욱 달다.

향신 채수

황금색 둥근 무와 파스닙은 껍질을 벗긴다. 껍질은 버리지 말고 둔다.
양파는 껍질을 벗겨 반으로 썬다.
프라이팬을 아주 뜨겁게 달군 뒤 양파 자른 단면이 바닥에 닿게 올려 살짝 탄 느낌이 들 정도로 굽는다.
청경채와 쪽파의 흰 뿌리 쪽 모두 반으로 가른다. 양파를 태우듯 구운 것처럼, 청경채와 쪽파도 달군 팬에 살짝 그을린다.
쪽파의 녹색 부분은 가늘게 송송 썰고, 황금색 둥근 무와 파스닙과 양배추는 작은 큐브 모양으로 썰어 둔다.
냄비에 무와 파스닙 껍질을 담고 준비한 향신료, 크게 자른 생강, 구운 양파, 구운 청경채와 쪽파, 굵은소금을 넣는다. 물 2L를 붓고 중간 불에 올려 1시간 30분 동안 끓인 뒤 체에 거른다.

포니오 익히기

포니오는 가는 체에 밭친 채로 헹구듯 씻은 뒤 냄비로 옮겨 담고 찬물 450g과 굵은소금 1꼬집을 넣어 삶는다. 한 번 우르르 끓게 두었다가 불을 줄여 5분간 더 익힌다.
불에서 내린 뒤 포니오가 잘 퍼지도록 5분 정도 뜸을 들인다. 체에 밭쳐 흐르는 찬물에 헹궈 포니오가 더이상 익지 않게 한다.

담기 & 마무리

오목한 개인 접시를 준비하여 포니오를 작은 돔 형태로 담는다. 그 위로 큐브 모양으로 잘게 썬 채소들, 송송 썬 쪽파 녹색 부분, 신선한 코리앤더 잎까지 모두 올린다.
향신 채수는 뜨겁게 끓여 큼직한 그릇에 담아 테이블 중앙에 낸다. 포니오와 여러 고명을 담은 개인 접시에 향신 채수를 2국자씩 조심히 부어 재료를 순간적으로 익히면서 따뜻하게 먹을 수 있게 한다.

제안

흰색 히비스커스 꽃잎 4~5장을 채수에 더하면 향기로운 꽃내음과 함께 자연스럽고 경쾌한 신맛을 더할 수 있다.

영양 정보

설탕과 단맛이 온 세계의 음식과 입맛을 점령하면서

우리는 우리도 모르는 사이에 쓴맛에서 한참 멀어져 버렸다.

하지만 쓴맛은 인간에게는 없어서는 안되는 존재. 간이라는 장기에는 더더욱 그렇다.

쓴맛은 간과 췌장의 울혈을 막아 기능을 보하고 소화액의 분비를 도와

음식물이 장을 쉽게 통과할 수 있게 해준다.

이번 레시피에서는 엔다이브의 쌉쌀한 맛을 녹진한 밤 크림으로 누그러뜨렸으니

자연스러운 채소의 쓴맛을 부담 없이 즐겨보기 바란다.

해초 딥을 올린 엔다이브와 밤 크림

8인분 | 준비 40분 | 조리 40~45분

밤 크림

밤 100g
우유 150ml
소금
후추

해초 딥

신선한 해초 100g
마늘 1/2쪽
올리브 오일 25g
생참깨 20g

담기 & 마무리

엔다이브 8개
깨소금 양념(12쪽)

밤 크림

오븐을 180℃로 예열한다. 밤은 반으로 갈라 오븐 트레이에 펼쳐 오븐에서 25분간 굽는다. 바비큐로 구워도 된다.

구운 밤은 손을 데지 않게 조심하면서 껍질을 까서 살만 발라낸다. 블렌더에 우유와 함께 갈아 크림 상태로 만든다. 간을 한다.

해초 딥

오븐을 150℃로 예열한다. 유산지를 깐 트레이에 참깨를 펼친 뒤 오븐에 넣어 황금색이 돌 때까지 10~15분간 굽는다.

해초, 껍질 벗긴 마늘, 올리브 오일, 구운 참깨를 넣고 블렌더에 돌려 균질한 질감의 딥을 만든다.

담기 & 마무리

엔다이브는 씻어 길게 반으로 가른다.

음식을 내가기 직전에 엔다이브를 그릴이나 바비큐에 구운 뒤 해초 딥을 바른다.

개인 접시에 엔다이브를 2쪽씩 올리고 깨소금 양념을 뿌린다. 밤 크림은 소스처럼 먹게 따로 낸다.

영양 정보

브로콜리와 닮아 혼동을 일으키곤 하는 채소가 바로 콜리플라워이다.

콜리플라워는 조리법에 상관없이 다량의 식이 섬유가 장내 미생물의 좋은 먹이가 되어 장 건강에 도움을 준다.

혹 날로 먹는다면 식이 섬유에 비타민 C까지 풍부하게 섭취할 수 있겠다.

최근에는 흰색뿐만 아니라 연두, 보라, 노랑 등 다양한 색으로도 시장에 나와 있으니,

음식을 담아낼 접시와 가장 어울리는 색의 콜리플라워를 골라 이번 요리를 완성해보자.

검은 송로버섯 코코넛 소스와 콜리플라워 유산지 구이

8인분 | 준비 30분 | 조리 50~1시간 5분

콜리플라워 1통
검은 송로버섯 50g
코코넛 오일 1큰술
코코넛 밀크 100ml
소금

오븐을 160℃로 예열한다.
콜리플라워는 씻어 겉을 감싸고 있는 잎을 떼어내는데 잎은 버리지 말고 둔다. 송로버섯은 먼지를 잘 털고 껍질을 벗기는데, 이 껍질 역시 남겨둔다.
콜리플라워의 물기를 잘 닦아 말린 뒤 표면에 코코넛 오일을 고루 바르고 소금을 뿌린다. 유산지에 싸는데, 남겨두었던 송로버섯 껍질 중 1/2을 넣어 함께 싼다. 오븐 트레이에 담아 오븐에서 45분~1시간 동안 구워 콜리플라워가 몰캉하게 익으면서 색이 나게 한다.
굽는 동안 콜리플라워에서 떼어 둔 잎에서 줄기만 분리하여 작은 큐브 모양으로 썬다. 남은 송로버섯 껍질도 잘게 다진다.
팬에 코코넛 오일을 둘러 달군 뒤 콜리플라워 줄기 썬 것을 넣고 반쯤 익힌다는 기분으로 수분이 나오게 4~5분간 볶는다. 다진 송로버섯 껍질을 더하고 코코넛 밀크를 섞은 뒤 간을 하여 소스를 완성한다.
오븐에 구운 콜리플라워를 8등분 하여 1조각씩 개인 접시에 올리고 그 옆으로 소스를 1술 곁들인다. 필러를 이용해 송로버섯을 대패밥처럼 얇게 저며 고루 흩뿌리면 완성.

영양 정보

버터넛 스쿼시butternut squash로 만든 이번 요리는 그야말로 베타카로틴의 보고이다.
거기에 항염 효능이 있는 강황까지 함께이니 더할 나위 없겠다.

제안

루쿠마는 비타민 B가 풍부한 강장제이다. 요리에 루쿠마 파우더를 1작은술 뿌려 건강을 더해 보자.

버터넛 스쿼시 오렌지 강황 파피요트와 그라니타

4인분 | 준비 1시간 30분 | 조리 45분 | 휴지 하룻밤

호박 오렌지 마리네이드

버터넛 스쿼시● 1개
오렌지 2개
오렌지즙 1개 분량(200g)
바닐라 빈 1/2개
꿀 40g
신선한 강황(껍질 벗긴 것) 15g
(또는 강황 파우더 4꼬집)
신선한 생강(껍질 벗긴 것) 10g
제피

그라니타●

버터넛 스쿼시 즙 130g
오렌지즙 300g
레몬즙 20g
그랑 마니에● 65g

호박 처트니

버터넛 스쿼시 150g
꿀 50g
바닐라 빈 1/2개
반건조 구기자 열매 20g
오렌지 제스트 1개 분량
오렌지즙 110g
신선한 강황(작은 큐브로 썬 것) 6g
(또는 강황 파우더 2꼬집)
레몬즙 1개 분량(선택 사항)
후추

담기 & 마무리

구기자 열매
루쿠마● 파우더

●
버터넛 스쿼시butternut squash 땅콩 모양으로 생긴 호박. 주황색의 달콤하고 부드러운 과육에 고소한 버터 향과 견과류 향이 특징이다. 버터넛 펌킨, 땅콩호박이라고도 부른다.

●
그라니타granita 과일, 설탕, 와인 등을 섞어 얼린 차가운 이탈리안 디저트. 당도가 낮고 신맛과 톡 쏘는 개운한 맛을 지니며, 젤라또의 녹진하고 고운 입자와는 달리 얼음이 씹히는 거칠고 성긴 입자가 특징이다.

●
그랑 마니에 Grand Marnier 숙성한 코냑에 오렌지 향을 가미한 연붉은 색의 리큐어로 칵테일이나 요리에 사용한다.

●
루쿠마lucuma '잉카의 황금'이라고 불리는 진한 황금색의 남미산 과일. 메이플 시럽이나 캐러멜 같은 단맛이 나지만 칼로리는 낮고 항산화 성분이 풍부하다. 생과일 자체로도 즐기고, 파우더는 설탕 대신 사용하거나 스무디나 요거트에 타먹기도 한다.

호박 오렌지 마리네이드

하루 전날 만들어 둔다. 호박은 껍질을 벗겨 반만 원심분리식 착즙기에 돌려 즙을 낸다. 나머지 반은 파피요트용으로 남겨둔다. 호박즙은 오렌지를 제외한 나머지 재료 모두와 섞어 마리네이드 소스를 만든다. 남은 호박은 보기 좋게 썰고 오렌지는 반원 모양으로 편 썰어 둘 다 마리네이드 소스에 하룻밤 재워 둔다.

그라니타

준비한 3종류의 즙과 그랑 마니에를 잘 섞은 뒤 냉동실에서 하룻밤 동안 얼린다.

호박 오렌지 파피요트

오븐을 160℃로 예열한다. 마리네이드 해 두었던 호박과 오렌지의 물기를 뺀 뒤 마리네이드 소스 속 건더기 즉, 제피, 강황, 생강과 함께 유산지에 싸서 파피요트●를 만든다. 가장자리를 꼼꼼히 잘 겹쳐 접어야 익을 때 증기가 새어나가지 않는다.
오븐에 넣어 25분~30분 동안 익힌다.

호박 처트니

호박은 껍질을 벗겨 익히기 쉽도록 작은 큐브 모양으로 썬다. 냄비에 꿀과 물 50g을 넣고 끓여 캐러멜을 만든 다음 거기에 바닐라 빈에서 긁어낸 씨를 넣는다. 호박 큐브, 구기자 열매, 오렌지 제스트까지 더해 섞은 뒤 오렌지즙을 부어 냄비에 눌은 것을 녹여 낸다. 마지막으로 강황을 넣고 뚜껑을 덮어 약한 불에서 10~15분간 더 끓이는데, 호박이 볼캉해지면 불에서 내린다. 원하면 레몬즙으로 신맛을 더해도 좋다. 포크를 이용해 호박을 거칠게 으깬 뒤 후추를 뿌려 서늘한 곳이나 냉장실에 둔다.

●
파피요트papillote 유산지 같은 기름기 있는 종이에 재료를 싸서 익히는 방법. 재료가 익으면서 증기가 차올라 종이 봉투는 돔처럼 부풀어 오르며, 그 안에서 재료가 가진 맛과 수분이 온전히 지켜지며 조리되어 담백한 맛과 촉촉하고 부드러운 질감을 내는 것이 특징이다. 봉투째 접시에 내어 먹기 직전에 개봉하기도 한다.

담기 & 마무리

각각의 개인 접시에 차가운 호박 처트니를 한 술 먼저 담는다. 뜨거운 파피요트는 그대로 넓은 접시로 옮긴 뒤 유산지의 윗쪽을 갈라 안에 든 따듯한 호박과 오렌지 조각을 꺼내어 차가운 처트니 위로 보기 좋게 올린다. 구기자 열매를 곁들이고 루쿠마 파우더를 뿌려 장식한다.
냉동실에서 그라니타를 꺼내서 숟가락으로 긁어낸다. 사각거리는 그라나타 한술을 파피요트 옆에 담아내면 완성.

활용

그라니타는 꼭 서빙 직전이 아니더라도 조금 미리 긁어 두었다가 사용해도 상관없다.

영양 정보

감은 강력한 항산화 성분으로 알려진 비타민 C와 카로틴이 듬뿍 든 과일이다.

프랑스에서 감을 맛나게 먹을 수 있는 계절은 한겨울*인데,

감염으로 인한 겨울철 질병 예방책으로 잘 익은 감을 마음껏 먹는 일 만한 게 없지 싶다.

* 프랑스에서는 감이 겨울 과일이지만 한국은 가을부터 초겨울까지를 감의 제철로 본다. 제철에 맞게 요리법을 활용해보자.

매콤한 오일을 바른 홍시와 호두 크림

호두 크림

호두 110g
지방을 제거하지 않은 우유(전유) 50g
액상 생크림 25g
올리브 오일 30g
피멍 데스플레트 1꼬집

고명

홍시 3개
올리브 오일 50g
타바스코 소스(또는 고추 페이스트) 1작은술

감 비네그레트 소스

홍시 200g
생강 25g
레몬그라스 25g
레몬즙 40g
올리브 오일 100g
물 35g
레몬밤 잎(다진 것) 6장 분량

호두 크림

호두를 블렌더에 넣어 굵게 간다. 우유, 생크림, 오일을 더해 다시 한번 빠른 속도로 블렌더를 돌린 뒤 피멍 데스플레트를 뿌려 냉장실에 둔다.

고명

오일과 타바스코 소스를 블렌더에 돌려 매콤한 오일을 만든다.
홍시는 껍질을 벗겨 세로로 4등분 한다. 조리용 붓으로 매콤한 오일을 홍시 조각에 고루 바른다. 냉장실에 둔다.

감 비네그레트 소스

홍시는 껍질을 벗겨 블렌더에 넣고 빠른 속도로 갈아 주스를 만든다. 생강과 레몬그라스는 착즙기로 즙을 낸 뒤 홍시 주스와 섞는다. 레몬즙, 올리브 오일, 물, 레몬밤 다진 것을 마저 더한 뒤 거품기로 힘껏 휘저어 비네그레트 소스를 완성한다.

담기 & 마무리

믹싱 볼에 매콤 오일을 바른 홍시 조각을 모두 담고 레몬밤이 들어간 감 비네그레트 소스를 부어 버무린다. 접시에 홍시 조각을 2~3개 올리고 호두 크림을 옆에 곁들인 뒤 비네그레트 소스를 좀 더 부어 완성한다.

영양 정보

아쿠아파바(파바는 콩이라는 뜻이다)는 콩을 삶아낸 점성 있는 물이다.
달걀흰자처럼 거품이 쉽게 이는 특성이 있어
달걀흰자 대체재로서 제과제빵계에서 혁명에 가까운 변화를 이끌어냈다.
덕분에 체질상 달걀을 못 먹는 이나 달걀을 먹지 않는 베지테리언도
제대로 된 케이크와 과자의 맛을 누릴 수 있는 즐거움이 생겼다.
또한 아쿠아파바는 소화가 무척이나 잘 되는지라
콩류를 섭취했을 때 흔히 뒤따르는 달갑지 않은 생리현상도 없다.

초코 헤이즐넛 잉카 뷔쉬 케이크

8~10인분 | 준비 2시간 30분 | 조리 10분 | 휴지 2시간 30분

제누아즈

쌀가루(백미) 75g
메밀가루 75g
옥수수 전분(또는 타피오카 전분) 75g
베이킹 소다 10g
황설탕 180g
비터 코코아 파우더 35g
아몬드 크림 75g
시드르 비니거 2큰술
아쿠아파바 75ml
피멍 데스플레트 넉넉한 2꼬집

초콜릿 무스

카카오 함량 64% 이상 다크 초콜릿 120g
아쿠아파바 170ml
슈거 파우더 35g

시럽

아가베 시럽 100g
물 150g

합체

구운 뒤 빻은 헤이즐넛 200g

매콤한 튀일

전분(옥수수 또는 타피오카 전분 등) 20g
코코넛 오일 20g
슈거 파우더 10g
물 20g
달콤한 파프리카 가루 1/2작은술
피멍 데스플레트 넉넉한 1꼬집

담기 & 마무리

헤이즐넛 코코아 스프레드(122쪽)
감귤류 슬라이스(오렌지 또는 금귤 등)
민트 잎
통깨

참고

제누아즈, 무스, 시럽 만들어 적시기.
이 세 단계를 하루 전에 미리 해두면
다음 날 시간에 덜 쫓기면서 좀 더 수월하게
케이크를 완성할 수 있다.

제누아즈

오븐을 180℃로 예열한다. 큰 볼에 모든 마른 재료 즉, 쌀가루, 메밀가루, 전분, 베이킹 소다, 설탕, 코코아, 피멍 데스플레트를 넣고 섞는다. 150ml의 물, 아몬드 크림, 시드르 비니거를 더해 고루 섞어 반죽을 만든다.

아쿠아파바를 제과용 반죽기에 돌려 아주 단단한 거품을 만든다. 달걀흰자로 거품을 올릴 때보다 시간이 조금 더 걸리는 게 맞다. 최고 속도로 돌려 대략 10분 정도 걸릴 것이다.

거품 낸 아쿠아파바를 반죽에 섞는데, 살살 저어 여러 번에 나눠 섞는다. 이렇게 하면 제누아즈 반죽은 완성이다.

기름을 바른 실리콘 매트 위에 제누아즈 반죽을 붓고, 두께 1cm의 35×25cm 크기의 직사각형이 되도록 스패출러로 고르게 편다. 오븐에 넣고 10분간 굽는다.

초콜릿 무스

초콜릿은 중탕하여 녹인다. 중탕시키는 동안 아쿠아파바의 거품 올리기를 시작하면 시간이 얼추 맞을 것이다.

초콜릿이 거품을 내며 녹기 시작할 때 슈거 파우더를 넣고 쉬지 않고 저어 광택이 돌면서 단단한 느낌의 초콜릿 퐁뒤를 만든다. 여기에 아쿠아파바 거품을 섞는데, 한 번에 붓지 말고 여러 번에 나눠 섞는다. 완성된 초콜릿 무스는 짜주머니에 담아 냉장실에 둔다.

시럽 만들기와 제누아즈 적시기

아가베 시럽과 물을 넣고 2분간 끓여 시럽을 만든다.

구운 제누아즈를 여러 개의 직사각형으로 자른다. 가장 큰 조각은 20×25cm크기로 잘라 뷔쉬 틀 전체에 두르는 데에 사용하고, 다음 것은 20×4cm크기로 잘라 뷔쉬 속을 채우는 데에, 다른 하나는 20×6cm크기로 잘라 뷔쉬 뚜껑을 덮는 데에 사용한다. 서로 다른 크기의 제누아즈 조각을 시럽에 담가 시럽이 고루 배게 한다.

활용

뷔쉬(통나무) 모양 케이크 틀이 없을 때는
생수병을 이용해 수제 뷔쉬 틀을 만들 수 있다.
큰 페트병을 준비한 뒤 뚜껑 쪽으로 좁아지는 부분을
가위나 커터 칼로 잘라내어
길이 20cm의 폭이 일정한 원통 용기를 만든다.
용기를 길이로 눕힌 뒤, 윗면 중앙에서 너비 6cm의
긴 사각 띠 모양을 뚜껑처럼 잘라 내어
그쪽으로 반죽을 부을 수 있게 한다.
유산지를 깔고 사용한다.

합체

가장 큰 제누아즈 조각으로 뷔쉬 틀 안쪽 면 전체를 덮어 주듯 깐다. 짜주머니 속 초콜릿 무스 중 1/3을 짜서 뷔쉬 속을 채운 뒤 잘게 빻은 헤이즐넛을 무스 위로 고루 뿌린다. 가장 작은 제누아즈 조각을 중앙에 놓고 남은 초콜릿 무스를 짜서 덮는다.

마지막 남은 제누아즈 조각 윗면에 헤이즐넛 코코아 스프레드를 얇게(두께 0.5cm 정도) 한 겹 바른다. 스프레드를 바른 쪽이 아래로 가게 뒤집어서 뷔쉬의 초콜릿 무스 면과 만나도록, 즉 뚜껑을 덮는 느낌으로 얹어 마무리한다.

냉장실에 넣어 최소 2시간 이상 차갑게 둔다.

매콤한 튀일

오븐을 120℃로 예열한다. 튀일 재료 모두를 섞어 균질한 느낌의 반죽을 만든다. 스패출러를 이용하여 유산지 위에 얇게 편 뒤 오븐에서 10분간 구워 바삭한 튀일을 만든다.

담기 & 마무리

뷔쉬 케이크를 틀에서 꺼낸다. 헤이즐넛 코코아 스프레드를 바르는데, 0.5cm 정도의 두께로 케이크 표면을 고루 덮어 준다. 그런 다음 스패출러 날을 따뜻한 물에 담갔다 꺼내어 스프레드 표면을 문질러 주면 매끈하고 반짝이는 질감으로 정리된다. 완성된 뷔쉬 케이크는 다시 냉장실에 최소 30분 이상 넣어 둔다.

케이크를 내가기 직전에 마무리 장식을 한다. 감귤류 슬라이스, 매콤 튀일 조각, 민트 잎을 케이크 위에 꽂거나 올린 뒤 깨를 흩뿌리면 완성이다.

활용

스프레드가 너무 굳은 경우에는 중탕으로 데워
부드럽게 만든 뒤에 바르면 된다.

참고

아쿠아파바로 거품을 올린 것은 달걀흰자 거품보다
깨지기 쉬우므로 좀 더 섬세하게 다뤄야 한다.

영양 정보

마치 동화 속에나 나올 법한 신비한 이름인 아르테미시아 드라쿤쿨러스Artemisia dracunculus.

타라곤의 학명이다.

달콤한 향기와 매콤 쌉쌀한 맛이 나는 타라곤은

항산화 기능이 뛰어나 향신료 중에서도 고급으로 분류된다.

타라곤은 경련을 가라앉히고 소화를 촉진하는 효능도 지녔다.

차로 마셔도 좋은데, 섬세한 맛과 향이 퍼지며 몸과 마음을 진정시켜 줄 것이다.

블러드 오렌지 케이크

8인분 | 준비 30분 | 조리 1시간 | 휴지 하룻밤

글루텐 프리

블러드 오렌지 3개

케이크 기본 반죽

저염 버터 415g
라파두라* 비정제 설탕 400g
유기농 달걀 9개(450g)
오렌지 제스트 4작은술
플뢰르 드 셀 깎은 3작은술
꿀 2큰술
올리브 오일 3큰술
아몬드가루 200g
쌀가루 100g
옥수수가루 80g
이스트 깎은 1작은술
아몬드 밀크 150g

레몬 타라곤 딥

레몬 100g
설탕 20g
물 10g
타라곤 1/2다발

아이싱 & 마무리

슈거 파우더 200g
아몬드 밀크 3큰술
꽈리 커드(122쪽)

* **라파두라**rapadura 남미 전통 수제 방식으로 만드는 완전 비정제 천연 설탕. 사탕수수 줄기를 압착한 즙을 구리 냄비에 넣고 저어 가며 수분을 증발시켜 걸쭉한 당밀을 만든 뒤 그것을 나무 틀에 굳혀 벽돌 모양의 갈색 설탕 덩어리를 만든다. 정제당보다 덜 달지만 자연스러운 맛과 향, 사탕수수 풍미와 미네랄이 그대로 남아 있는 건강한 설탕이다. 우리나라 조청처럼 구수함이 감도는데, 진한 캐러멜 맛, 꿀맛이 난다. 설탕 용도로도 사용하지만 사탕처럼 그냥 먹기도 하며, 소스로 만들어 디저트나 음료에 이용하기도 한다.

케이크 기본 반죽

하루 전날 케이크 반죽을 준비한다. 냄비를 약한 불에 올려 버터를 녹이고 미지근하게 둔다. 볼에 달걀과 설탕, 오렌지 제스트, 플뢰르 드 셀, 꿀을 넣고 휘젓는다. 거기에 오일과 아몬드가루를 더하고 미리 이스트와 함께 체 쳐 둔 쌀가루와 옥수수가루를 넣는다. 완전히 하나 된 느낌이 날 때까지 잘 저어가며 섞는다. 녹여 둔 미지근한 버터를 더해 다시 한번 잘 섞는다. 마지막으로 아몬드 밀크를 넣고 균질한 느낌의 반죽이 될 때까지 잘 섞어 준다.
냉장실에 최소 1시간 이상 두는데 하룻밤 둘 수 있으면 제일 좋다.

레몬 타라곤 딥

레몬은 잘 드는 칼로 껍질과 껍질 안쪽의 흰 부분까지 말끔히 도려낸 뒤 토막 내어 냄비에 넣고 설탕과 물을 더해 90℃에서 20분 동안 끓인다. 거의 다 익어갈 즈음 타라곤을 넣은 뒤 핸드 블렌더를 이용해 간다. 서늘한 곳이나 냉장실에 둔다.

케이크 굽기

오븐을 180℃로 예열한다. 블러드 오렌지는 둥근 모양을 살려 깔끔하게 슬라이스한다.
케이크 몰드에 기름을 바른 뒤 안쪽으로 유산지를 깔고 케이크 반죽을 붓는다.
오븐에 넣어 10분 동안 구운 뒤 꺼내어 오렌지 슬라이스를 보기 좋게 올린다.
다시 오븐에 넣어 30분 동안 더 구워 낸다. 칼끝으로 익은 정도를 확인하는데, 찔러 보아 칼끝에 묻어나는 것이 없으면 잘 구워진 것이다.

아이싱 & 마무리

슈거 파우더에 아몬드 밀크를 붓고 균질한 질감이 날 때까지 거품기로 잘 휘저어 아이싱을 만든다.
오븐에서 꺼낸 케이크는 완전히 식힌 뒤에 아이싱을 고르게 입힌다.
블러드 오렌지 케이크는 꽈리 커드, 꽈리 열매 그리고 레몬 타라곤 딥과 함께 내면 맛이 잘 어울린다.

영양 정보

오렌지 플라워 워터*는 신경을 안정시키고 소화를 돕는 효능을 지녔다.

그러므로 긴 식사의 마지막 코스에 오렌지 플라워의 향긋함을 더한다면 위장은 물론 기분까지 쉬이 매료시킬 것이다.

모임과 파티가 많아 그만큼 유혹과 자극이 많은 연말 식사 때에는 더더군다나 말이다.

*
오렌지 플라워 워터는 오렌지 블러썸 워터라고도 부르는데,
비가라드 나무의 열매인 비터 오렌지의 꽃을 증류해 얻은 향기롭고 맑은 에센셜 워터이다.

견과류로 장식한 크리스마스 파블로바와 오렌지 플라워 아이스크림

3~5인분 | 준비 45분 | 건조 하룻밤 | 휴지 3~4시간

머랭 크라운

병아리콩 물　100g
(콩 삶은 물을 반으로 졸인 것 또는 병아리콩 통조림에 들어 있는 물)
비정제 황설탕　150g
옥수수전분　10g
통아몬드 다진 것
통헤이즐넛 다진 것
통피스타치오 다진 것
말린 살구　3개
말린 대추　3개

오렌지 플라워 아이스크림

캐슈너트　150g
아가베 시럽　170g
아몬드 밀크　250ml
코코넛 오일　60ml
오렌지 플라워 워터　50ml
소금　4꼬집

머랭 크라운

하루 전날, 병아리콩 물을 제과용 반죽기 전용 볼에 붓고 거품기 날을 장착해 돌린다. 거품이 어느 정도 나면 미리 섞어 둔 설탕과 전분을 넣어 최고 속도로 거품기를 돌려 단단한 질감에 매끈한 광택이 도는 머랭을 얻는다. 이 과정에 몇 분이 소요될 것이다.

유산지를 준비하여 한쪽 면에 지름 20cm의 원을 그린다. 짜주머니에 머랭을 담고 유산지를 뒤집어 그려놓은 밑선을 따라 머랭을 크라운 모양으로 짠다. 이때 머랭의 높이는 가능한 높게 유지하는 게 좋다. 말리는 동안 부피가 가라앉기 때문이다.

머랭 크라운 위로 아몬드, 피스타치오, 헤이즐넛 다진 조각을 올리고, 말린 살구와 대추도 얇게 썰어 올려 장식한다.

그대로 건조기에 넣어 24시간 동안 말리거나 오븐에 넣고 컨벡션 기능(팬으로 내부 열을 순환시키며 익히는 기능)없이 하룻밤 동안 말리듯 구워 파블로바를 완성한다.

오렌지 플라워 아이스크림

캐슈너트는 물에 1~2시간 동안 불린다. 모든 재료를 블렌더에 넣고 균질하고 매끈한 반죽이 될 때까지 간다.

아이스크림 메이커로 옮겨 담고 작동시킨다.

아이스크림이 완성되면 냉동실에 보관했다가 먹기 직전에 꺼낸다.

담기 & 마무리

개인 접시에 파블로바를 한 조각씩 잘라 올리고 아이스크림을 곁들인다. 2개의 숟가락을 이용하여 타원 모양으로(커넬) 담아내도 좋겠다. 취향에 따라 신선한 과일을 곁들여도 좋다.

찾아

보기

식물성 파르메산 치즈

130g | 준비 15분 | 휴지 1시간 | 건조 24시간

해바라기씨 150g
(물에 불려 싹을 낸 것)

엿기름* 1큰술

샬롯 작은 것 2개

레몬즙 1개 분량

소금 3꼬집

해바라기씨는 1시간 정도 불리는데, 물에 담가 뚜껑을 덮고 불린다.

체에 거른 뒤 흐르는 물에 한 번 씻는다.

블렌더에 재료 모두를 넣고 균질한 질감이 날 때까지 간다. 필요하면 물을 조금 첨가해도 좋다.

간 반죽을 실리콘 주걱을 이용하여 실리콘 패드 위에 아주 얇고 고르게 편다. 식품건조기에서 최소 24시간 이상 건조시킨다. 완성되면 큰 조각으로 대충 잘라 둔다.

밀폐 용기에 담으면 1주일 정도 두고 먹을 수 있다.

영양 정보

해바라기씨는 싹이 나는 기간 동안 자신이 지닌 모든 영양소를 모조리 방출한다. 마치 작은 영양소 폭탄에 비할 만큼 다양한 필수 비타민과 미네랄이 넘친다(특히 비타민 B군과 E군이 두드러진다). 식이섬유와 단백질도 넉넉해 영양이 풍부하면서 든든한 포만감을 안겨주는 간식으로 그만이다.

아몬드 밀크와 아몬드 비지

준비 10분 | 휴지 2시간

통아몬드 200g

물(미네랄 함량이 적은 연수) 1L

아몬드 밀크

아몬드는 2시간 이상 물에 담가 불린 뒤 물기를 뺀다.

힘 좋은 블렌더에 불린 아몬드와 미네랄 함량이 적은 연수(53쪽 주석 참조) 1L를 넣고 곱게 간다. 면포에 거른 뒤 차게 두었다가 사용한다.

아몬드 비지

면포에 아몬드 간 즙을 거르고 남은 것이 바로 아몬드 비지다. 여러 요리에 다양하게 활용할 수 있으며(60쪽) 과자나 케이크, 팬케이크를 만들 때 밀가루 대용으로도 쓸 수 있다.

* **엿기름**(맥아)은 보리에 적당한 온도의 물을 부어 발아시킨 것으로, 서양에서는 몰트 또는 맥주 이스트라고도 부른다. 엿기름은 발아할 때 효소인 아밀라아제의 활성이 강해져 당화를 일으키는데, 이 당화 작용을 이용한 발효 음식이 식혜나 맥주 따위이다. 엿기름은 곡류의 고소함과 은은한 단맛을 지녀 샐러드, 수프, 요거트에 맛을 더하는 용도로 쓰이기도 하고, 비건 요리에 파르메산 치즈 대용으로 사용되기도 한다.

책의 목차

봄

여름

가을

겨울

요리 종류에 따라 찾아보기

딥·스프레드·절임

전식

주요리

디저트

음료

그 밖의 조리

사용 식재료에 따라 찾아보기

채소

곡류·콩류

버섯류

과일

견과류

씨앗류

꽃·식물

해조류

허브·향신료

동식물성 유제품·음료

가루·전분

짠맛 재료

단맛 재료

지방질 재료

양념·소스

주류

그 밖의 재료

채소 과일 곡물 씨앗… 비로소 식탁의 주인공이 되다

알랭 뒤카스의 선택,

그린 다이닝

펴낸 날 초판 2020년 3월 25일
2쇄 2020년 10월 13일

지은이 알랭 뒤카스 · 로맹 메데 · 앙젤 페레 마그
옮긴이 정혜승
펴낸이 김민경

사진 오렐리 미켈
스타일링 마리 메르시에
편집 김소주
디자인 이윤임
교정 · 교열 그레이스 최
인쇄 도담프린팅
종이 영지페이퍼

펴낸곳 팬앤펜(PAN n PEN)출판사
출판등록 제307-2015-17호
주소 서울 성북구 삼양로43 IS빌딩 201호
전화 02-6384-3141
팩스 0507-090-5303
이메일 panpenpub@gmail.com
온라인 에디터 조순진
블로그 blog.naver.com/pan-pen
인스타그램 @pan_n_pen

ISBN 979-11-965125-3-8 13590
값 21,000원

《알랭 뒤카스의 선택, 그린 다이닝》
책 속 아름다운 테이블 웨어와 소품을 만나보세요

Marion Graux www.mariongraux.com
Aurélie Dorard aureliedorard.com
La Trésorerie www.latresorerie.fr
Ailleurs www.ailleurs-paris.com
La Manufacture parisienne lamanufactureparisienne.fr
Empreintes www.empreintes-paris.com
Vaisselle Vintage www.vaissellevintage.com
Pampa www.pampa.paris
Fleux www.fleux.com
Tensira www.tensira.com
Jamini www.jaminidesign.com/fr
Nous Paris www.nousparis.com/fr